高职高专规划教材

C语言程序设计与实训

闻红军　王　鹏　主　编

罗大伟　齐　宁　副主编

北　京

冶金工业出版社

2009

内 容 提 要

本书详细阐述了 C 语言程序设计的基本概念及技术基础，内容主要包括：C 语言基础、数据类型、运算符、C 语言的输入与输出、C 程序流程设计、模块化程序设计等。书中收录了大量的经典实例，旨在提高学生的程序设计分析及操作能力。附录中收录了大量的实例及常用函数等供读者参考使用。

本书以技能训练为主，以基本理论学习为辅，内容编排由浅入深，循序渐进，便于学习掌握，是学习计算机编程的基础教材。本书可作为高职高专院校教学用书，也可供计算机编程爱好者学习使用，同时还可供有一定编程基础的技术人员参考。

图书在版编目(CIP)数据

C 语言程序设计与实训/闻红军，王鹏主编. —北京：
冶金工业出版社，2008.3 （2009.2 重印）
高职高专规划教材
ISBN 978-7-5024-4493-8

Ⅰ. C… Ⅱ.①闻… ②王… Ⅲ. 语言—程序设计—
高等学校：技术学校—教材 Ⅳ. TP312

中国版本图书馆 CIP 数据核字(2008)第 018730 号

出 版 人 曹胜利
地 址 北京北河沿大街嵩祝院北巷 39 号，邮编 100009
电 话 (010)64027926 电子信箱 postmaster@ cnmip. com. cn
责任编辑 杨 敏 宋 良 美术编辑 李 心 版式设计 张 青
责任校对 卿文春 责任印制 李玉山
ISBN 978-7-5024-4493-8
北京兴华印刷厂印刷；冶金工业出版社发行；各地新华书店经销
2008 年 3 月第 1 版，2009 年 2 月第 2 次印刷
787mm×1092mm 1/16；15 印张；400 千字；229 页；4001-8000 册
30. 00 元

冶金工业出版社发行部 电话：(010)64044283 传真：(010)64027893
冶金书店 地址：北京东四西大街 46 号(100711) 电话：(010)65289081
（本书如有印装质量问题,本社发行部负责退换）

前　言

　　计算机语言也称程序设计语言（Program Language），即编写计算机程序所用的语言。计算机语言是人和计算机交流信息的工具，它是软件的重要组成部分。

　　C语言现在是当今软件工程师最喜爱的语言之一，数以百万计的程序员用它来编写各种数据处理、实时控制、系统仿真和网络通讯等软件。

　　C语言是一种结构化语言。它层次清晰，便于按模块化方式组织程序，易于调试和维护。C语言的表现能力和处理能力极强。它不仅具有丰富的运算符和数据类型，便于实现各类复杂的数据结构，它还可以直接访问内存的物理地址，进行位（bit）一级的操作。由于C语言实现了对硬件的编程操作，因此C语言集高级语言和低级语言的功能于一体。既可用于系统软件的开发，也可用于应用软件的开发。

　　本书是作者在总结多年教学经验及应用实践经验的基础上编写而成的。书中系统介绍了C语言的大部分常用功能，本书以实践性操作为主，以精练的理论为辅，课程自成体系。全书共分7章，其内容主要包括：C语言基础、数据类型、运算符、C语言的输入与输出、C程序流程设计、模块化程序设计和典型实例。同时书中收录了大量的经典实例及常用函数等供读者参考使用。

　　本书内容翔实、通俗易懂、以实例为主，试图通过实例的操作过程，使读者掌握C语言编程的基本方法和技巧。本书第1章～第6章都有习题和实训，可以使读者在实践中学习，并可巩固、检验所学的内容。通过对本书的认真学习，读者可以基本做到精通C语言编程。本书作为高职高专教材，可满足大约60学时教学使用，其中实验和实训大约占20个学时，典型实例部分可作为选修内容，根据各学校的具体情况安排。本书可供计算机编程爱好者学习使用，同时也可供计算机程序设计工作者参考。

本书由吉林电子信息职业技术学院闻红军负责统稿和定稿，其中闻红军编写了第 1 章、第 7 章和附录，潘谈和王婷婷参与编写其中的部分内容；王鹏编写第 2 章和第 3 章，其中的部分内容由朱岩编写；罗大伟编写第 5 章和第 6 章，其中的部分内容由郑茵编写；齐宁编写第 4 章。

由于作者水平有限，加之计算机技术的发展十分迅速，书中难免存在疏漏及不妥之处，请广大读者批评指正。作者的电子邮箱为：whj0525@163.com。

编　者
2008 年 1 月

目 录

1 C 语言基础

1.1 程序设计语言

计算机语言也称程序设计语言（Program Language），即编写计算机程序所用的语言。计算机语言是人和计算机交流信息的工具，它是软件的重要组成部分。计算机语言粗略地分为机器语言、汇编语言和高级语言。高级语言是接近人类习惯使用的自然语言和数学语言的计算机程序设计语言。它独立于计算机，用户可以不了解机器指令，也可以不必了解机器的内部结构和工作原理，就能用高级语言编程序。高级语言通用性好、易学习、易使用、不受机器型号的限制，而且易于交流和推广。早期电脑都直接采用机器语言，即用"0"和"1"为指令代码来编写程序，读写困难，编程效率极低。为了方便编程，随即出现了汇编语言，虽然提高了效率，但仍然不够直观简便。从 1954 年起，电脑界逐步开发了一批"高级语言"，采用英文词汇、符号和数字，遵照一定的规则来编写程序。高级语言诞生后，软件业得到突飞猛进的发展。

1.1.1 程序设计语言的发展

1953 年 12 月，IBM 公司程序师约翰·巴科斯（J. Backus）写了一份备忘录，建议为 IBM 704 设计一种全新的程序设计语言。巴科斯曾在"选择顺序控制计算机"（SSEC）上工作过 3 年，深深体会到编写程序的困难性。他说："每个人都看到程序设计有多昂贵，租借机器要花去好几百万，而程序设计的费用却只会多不会少。"巴科斯的目标是设计一种用于科学计算的"公式翻译语言"（FORmula TRANslator）。他带领一个 13 人小组，包括有经验的程序员和刚从学校毕业的青年人，在 IBM 704 电脑上设计出编译器软件，于 1954 年完成了第一个电脑高级语言——FORTRAN 语言。1957 年，西屋电气公司幸运地成为 FORTRAN 的第一个商业用户，巴科斯给了他们一套存储着语言编译器的穿孔卡片。以后，不同版本的 FORTRAN 纷纷面世，1966 年，美国统一了它的标准，称为 FORTRAN 66 语言。40 多年过去，FORTRAN 仍然是科学计算选用的语言之一，巴科斯因此摘取了 1977 年度图林奖。FORTRAN 广泛运用的时候，还没有一种可以用于商业计算的语言。美国国防部注意到这种情况，1959 年 5 月，五角大楼委托格雷斯·霍波博士领导一个委员会，开始设计面向商业的通用语言（COmmon Business Oriented Language），即 COBOL 语言。COBOL 最重要的特征是语法与英文很接近，可以让不懂电脑的人也能看懂程序；编译器只需做少许修改，就能运行于任何类型的电脑。委员会一个成员害怕这种语言的命运不会太长久，特地为它制作了一个小小的墓碑。然而，COBOL 语言却幸存下来。1963 年，美国国家标准局将它进行了标准化。用 COBOL 写作的软件，要比其他语言多得多。1958 年，一个国际商业和学术计算机科学家组成的委员会在瑞士苏黎世开会，探讨如何改进 FORTRAN 语言，并且设计一种标准化的电脑语言，巴科斯也参加了这个委员会。1960 年，该委员会在 1958 年设计的基础上，定义了一种新的语言版本——国际代数语言 ALGOL 60，首次引进了局部变量和递归的概念。ALGOL 语言没有被广泛运用，但它演变为其他程序语言的概念基础。20 世纪 60 年代中期，美国达特默斯学院约翰·凯梅尼（J. Kemeny）和托马斯·卡茨

(T. Kurtz) 认为，像 FORTRAN 那样的语言都是为专业人员设计，而他们希望能为无经验的人提供一种简单的语言，特别希望那些非计算机专业的学生也能通过这种语言学会使用电脑。于是，他们在简化 FORTRAN 的基础上，研制出一种"初学者通用符号指令代码"（Beginner's All Purpose Symbolic Intruction Code），简称 BASIC。由于 BASIC 语言易学易用，它很快就成为最流行的电脑语言之一，几乎所有小型电脑和个人电脑都在使用它。经过不断改进后，它一直沿用至今，出现了像 QBASIC、VB 等新一代 BASIC 版本。1967 年，麻省理工学院人工智能实验室希摩尔·帕伯特（S. Papert），为孩子设计出一种叫 LOGO 的电脑语言。帕伯特曾与著名的瑞士心理学家皮亚杰一起学习。他发明的 LOGO 最初是个绘图程序，能控制一个"海龟"图标，在屏幕上描绘爬行路径的轨迹，从而完成各种图形的绘制。帕伯特希望孩子不要机械地记忆事实，强调创造性的探索。他说："人们总喜欢讲学习，但是，你可以看到，学校的多数课程是记忆一些数据和科学事实，却很少着眼于真正意义上的学习与思考。"他用 LOGO 语言启发孩子们学会学习，在马萨诸塞州列克星敦，一些孩子用 LOGO 语言设计出了真正的程序，使 LOGO 成为一种热门的电脑教学语言。1971 年，瑞士联邦技术学院尼克劳斯·沃尔斯（N. Wirth）教授发明了另一种简单明晰的电脑语言，这就是以帕斯卡的名字命名的 PASCAL 语言。PASCAL 语言语法严谨，层次分明，程序易写，具有很强的可读性，是第一个结构化的编程语言。它一出世就受到广泛欢迎，迅速地从欧洲传到美国。沃尔斯一生还写作了大量有关程序设计、算法和数据结构的著作，因此，他获得了 1984 年度图林奖。PASCAL 语言不仅用作教学语言，而且也用作系统程序设计语言和某些应用。所谓系统程序设计语言，就是用这种语言可以编写系统软件，如操作系统、编译程序等。PASCAL 语言是一种安全可靠的语言。不过它的后继者 Delphi 已经成为最有生命力的编程语言之一，同时具有 VB 和 C 语言的优点，成为聪明的编程者的必然选择。1983 年度的图林奖则授予了 AT&T 贝尔实验室的两位科学家邓尼斯·里奇（D. Ritchie）和他的协作者肯·汤姆森（K. Thompson），以表彰他们共同发明著名的电脑语言 C。C 语言的设计哲学是"Keep It Simple, Stupid"，因而程序员可以轻易掌握整个 C 语言的逻辑结构而不用一天到晚翻手册写代码。于是，众多的程序员倒向了 C 语言的怀抱，C 语言迅速并广泛地传播开来。C 语言现在是当今软件工程师最宠爱的语言之一。里奇最初的贡献是开发了 Unix 操作系统软件。他说，这里有一个小故事：他们答应为贝尔实验室开发一个字处理软件，要求购买一台小型电脑 PDP-11/20，从而争取到 10 万美元经费。可是当机器购回来后，他俩却把它用来编写 Unix 系统软件。Unix 很快有了大量追随者，特别是在工程师和科学家中间引起巨大反响，推动了工作站电脑和网络的成长。1970 年，作为 Unix 的一项"副产品"，里奇和汤姆森合作完成了 C 语言的开发，这是因为研制 C 语言的初衷是为了用它编写 Unix。这种语言结合了汇编语言和高级语言的优点，大受程序设计师的青睐。1983 年，贝尔实验室另一研究人员比加尼·斯楚士舒普（B. Stroustrup），把 C 语言扩展成一种面向对象的程序设计语言 C++。如今，数以百万计的程序员用它来编写各种数据处理、实时控制、系统仿真和网络通讯等软件。斯楚士舒普说："过去所有的编程语言对网络编程实在太慢，所以我开发 C++，以便快速实现自己的想法，也容易写出更好的软件。"1995 年，《BYTE》杂志将他列入计算机工业 20 个最有影响力的人的行列。

1.1.2　程序设计语言的支持环境

每种语言都有自己的支持环境，而 C 语言的支持环境最简单也最多，而现在最普遍用的就是 Visual C++6.0 环境。Visual C++6.0 是 Microsoft 公司的产品，是一个使用广泛的应用项目开发环境。它既可用于管理基于 Windows 的应用项目，也可用于管理基于 DOS 的应用项目。

基于 DOS 的应用系统也称为控制台应用系统，这里我们主要结合控制台应用系统的开发过程使用 Visual C++6.0 开发环境，实现我们的目的。

在此之前，使用较多的是在 DOS 环境下的 Turbo C 环境，我们在本书的附录里面对 Turbo C2.0 环境做了介绍，以方便大家的使用。Visual C++6.0 环境在本章后面的实训里有详细的操作方法，本书以此方法为主。

1.2　C 程序的基本结构

C 语言是一种结构化语言。它层次清晰，便于按模块化方式组织程序，易于调试和维护。C 语言的表现能力和处理能力极强。它不仅具有丰富的运算符和数据类型，便于实现各类复杂的数据结构。它还可以直接访问内存的物理地址，进行位（bit）一级的操作。由于 C 语言实现了对硬件的编程操作，因此 C 语言集高级语言和低级语言的功能于一体。既可用于系统软件的开发，也适合于应用软件的开发。此外，C 语言还具有效率高，可移植性强等特点。因此广泛地移植到了各类型计算机上，从而形成了多种版本的 C 语言。

1.2.1　C 程序的结构特点

（1）一个 C 语言源程序可以由一个或多个源文件组成。

（2）每个源文件可由一个或多个函数组成。

（3）一个源程序不论由多少个文件组成，都有一个且只能有一个 main 函数，即主函数。

（4）源程序中可以有预处理命令（include 命令仅为其中的一种），预处理命令通常应放在源文件或源程序的最前面。

（5）每一个说明，每一个语句都必须以分号结尾。但预处理命令，函数头和花括号"｝"之后不能加分号。

（6）标识符、关键字之间必须至少加一个空格以示间隔。若已有明显的间隔符，也可不再加空格来间隔。

1.2.2　C 程序的书写格式

对于编程，应该养成良好的习惯，书写程序时应遵循一定的规则，使程序清晰易读，是书写程序的基本原则。从书写清晰，便于阅读、理解、维护的角度出发，在书写程序时应遵循以下规则：

（1）一个说明或一个语句占一行。

（2）用 ｛｝ 括起来的部分，通常表示了程序的某一层次结构。｛｝ 一般与该结构语句的第一个字母对齐并单独占一行。

（3）低一层次的语句或说明，应比高一层次的语句或说明缩进若干格后书写，形成退格。以便看起来更加清晰，增加程序的可读性。在编程时应力求遵循这些规则，以养成良好的编程风格。

但要注意，C 语言本身对格式并没有严格的要求，只要语法正确，无论怎么写，都可以正常执行。

1.2.3　C 语言的字符集

字符是组成语言的最基本的元素。C 语言字符集由字母、数字、空白符、标点和特殊字符组成。在字符常量、字符串常量和注释中还可以使用汉字或其他可表示的图形符号。

（1）字母。小写字母 a~z 共 26 个，大写字母 A~Z 共 26 个。

（2）数字。0~9 共 10 个。

（3）空白符。空格符、制表符、换行符等统称为空白符。空白符只在字符常量和字符串常量中起作用。在其他地方出现时，只起间隔作用，编译程序忽略它们的存在。因此在程序中使用空白符与否，对程序的编译不发生影响，但在程序中适当的地方使用空白符将增加程序的清晰性和可读性。

（4）标点和特殊字符。

1.2.4　C 语言的词法

在 C 语言中使用的词汇分为六类：标识符、关键字、运算符、分隔符、常量、注释符等。

1.2.4.1　标识符

在程序中使用的变量名、函数名、标号等统称为标识符。除库函数的函数名由系统定义外，其余都由用户自定义。C 语言规定，标识符只能是字母（A~Z，a~z）、数字（0~9）、下划线（_）组成的字符串，并且其第一个字符必须是字母或下划线。

以下标识符是合法的：

a,x,_3x。BOOK_1,sum5

以下标识符是非法的：

3s（以数字开头）

s*T（出现非法字符*）

-3x（以减号开头）

bowy-1（出现非法字符-（减号））

在使用标识符时还必须注意以下几点：

（1）标准 C 不限制标识符的长度，但它受各种版本的 C 语言编译系统限制，同时也受到具体机器的限制。例如在某版本 C 中规定标识符前八位有效，当两个标识符前八位相同时，则被认为是同一个标识符。

（2）在标识符中，大小写是有区别的。例如 BOOK 和 book 是两个不同的标识符。

（3）标识符虽然可由程序员随意定义，但标识符是用于标识某个量的符号。因此，命名应尽量有相应的意义，以便阅读理解，做到"顾名思义"。

1.2.4.2　关键字

关键字是由 C 语言规定的具有特定意义的字符串，通常也称为保留字。用户定义的标识符不应与关键字相同。C 语言的关键字分为以下几类：

（1）类型说明符。用于定义、说明变量、函数或其他数据结构的类型。如 int、double 等。

（2）语句定义符。用于表示一个语句的功能。如 if else 就是条件语句的语句定义符。

（3）预处理命令字。用于表示一个预处理命令。如 include。

1.2.4.3　运算符

C 语言中含有相当丰富的运算符。运算符与变量、函数一起组成表达式，表示各种运算功能。运算符由一个或多个字符组成。

1.2.4.4　分隔符

在 C 语言中采用的分隔符有逗号和空格两种。逗号主要用在类型说明和函数参数表中，分隔各个变量。空格多用于语句各单词之间，作间隔符。在关键字、标识符之间必须要有一个以上的空格符作间隔，否则将会出现语法错误，例如把 int a 写成 inta，C 编译器会把 inta 当成一个标识符处理，其结果必然出错。

1.2.4.5 常量

C 语言中使用的常量可分为数字常量、字符常量、字符串常量、符号常量、转义字符等多种。在第 2 章中将专门给予介绍。

1.2.4.6 注释符

C 语言的注释符是以"/*"开头并以"*/"结尾的串。在"/*"和"*/"之间的即为注释。程序编译时，不对注释作任何处理。注释可出现在程序中的任何位置。注释用来向用户提示或解释程序的意义。在调试程序中对暂不使用的语句也可用注释符括起来，使翻译跳过不作处理，待调试结束后再去掉注释符，这称为保留字。用户定义的标识符不应与关键字相同。

1.2.5 常用基本结构及语法

从程序流程的角度来看，程序可以分为三种基本结构，即顺序结构、分支结构、循环结构。这三种基本结构可以组成所有的各种复杂程序。C 语言提供了多种语句来实现这些程序结构。这里简单介绍这些基本语句及其应用，使读者对 C 程序有一个初步的认识，为后面各章的学习打下基础。

（1）顺序结构。C 程序的程序是按由前至后的顺序执行的。

（2）选择结构。按条件不同，决定某些语句是否执行，典型的是 if 语句。格式如下：

if（表达式）

    语句 1；

else

    语句 2；

其语义是：如果表达式的值为真，则执行语句 1，否则执行语句 2。

（3）循环结构。在一定条件下，反复执行某些语句，以达到简化程序的目的。典型的是 while 语句，格式如下：

while 语句的一般形式为：while（表达式）语句；其中表达式是循环条件，语句为循环体。

while 语句的语义是：计算表达式的值，当值为真（非 0）时，执行循环体语句。

1.3 用函数组装 C 程序

C 源程序是由函数组成的，函数是 C 源程序的基本模块，通过对函数模块的调用实现特定的功能。在一个程序中必须有且只有一个主函数 main（），主函数是程序执行的开始。实用程序往往由多个函数组成。C 语言中的函数相当于其他高级语言的子程序。C 语言不仅提供了极为丰富的库函数（如 Turbo C，MS C 都提供了三百多个库函数），还允许用户建立自己定义的函数。用户可把自己的算法编成一个个相对独立的函数模块，然后用调用的方法来使用函数。

可以说 C 程序的全部工作都是由各式各样的函数完成的，所以也把 C 语言称为函数式语言。由于采用了函数模块式的结构，C 语言易于实现结构化程序设计。使程序的层次结构清晰，便于程序的编写、阅读、调试。

1.3.1 使用库函数

库函数由 C 系统提供，用户无需定义，也不必在程序中作类型说明，只需在程序前有包含了该函数原型的头文件即可在程序中直接调用。如：printf、scanf、getchar、putchar、gets、puts、strcat 等函数均属此类，具体使用方法请见附录。

1.3.2　使用自定义函数

用户自定义函数为用户按需要而编写的函数。对于用户自定义函数，不仅要在程序中定义函数本身，而且在主调函数模块中还必须对该被调函数进行类型说明，然后才能使用，在以后的章节中会有详细的介绍。

1.3.3　C 程序的组成形式

为了说明 C 语言源程序结构的特点，先看以下的程序。虽然有关内容还未介绍，但可从这些例子中了解到组成一个 C 源程序的基本部分和书写格式。

```
main( )
{
  printf( "世界,您好! \n" );
}
```

main 是主函数的函数名，表示这是一个主函数。每一个 C 源程序都必须有，且只能有一个主函数（main 函数）。函数调用语句中 printf 函数的功能是把要输出的内容送到显示器去显示。printf 函数是一个由系统定义的标准函数，可在程序中直接调用。

```
#include " stdio. h"
#include " math. h"   /* include 为文件包含命令*/
main( )
{
  double x,s;   /*定义两个实数变量,以备后面程序使用*/
  printf( "input number: \n" );   /*显示提示信息*/
  scanf( "% lf" ,&x );   /*从键盘获得一个实数 x*/
  s = sin( x );   /*求 x 的正弦,并把它赋给变量 s*/
  printf( "sine of % lf is % lf\n" ,x,s );   /*显示程序运算结果*/
}   /* main 函数结束*/
```

程序的功能是从键盘输入一个数 x，求 x 的正弦值，然后输出结果。在 main（）之前的两行称为预处理命令（详见后面）。预处理命令还有其他几种，这里的 include 称为文件包含命令，其意义是把尖括号 < > 或引号"" 内指定的文件包含到本程序来，成为本程序的一部分。被包含的文件通常是由系统提供的，其扩展名为 . h。因此也称为头文件或首部文件。C 语言的头文件中包括了各个标准库函数的函数原型。因此，凡是在程序中调用一个库函数时，都必须包含该函数原型所在的头文件。在本例中，使用了三个库函数：输入函数 scanf、正弦函数 sin、输出函数 printf。sin 函数是数学函数，其头文件为 math. h 文件，因此在程序的主函数前用 include 命令包含了 math. h。scanf 和 printf 是标准输入输出函数，其头文件为 stdio. h，在主函数前也用 include 命令包含了 stdio. h 文件。

在例题中的主函数体中又分为两部分，一部分为说明部分，另一部分为执行部分。说明是指变量的类型说明。例题中未使用任何变量，因此无说明部分。C 语言规定，源程序中所有用到的变量都必须先说明，后使用，否则将会出错。这一点是编译型高级程序设计语言的一个特点，这与解释型的 BASIC 语言是不同的。说明部分是 C 源程序结构中很重要的组成部分。本例中使用了两个变量 x，s，用来表示输入的自变量和 sin 函数值。由于 sin 函数要求这两个量必须是双精度浮点型，故用类型说明符 double 来说明这两个变量。说明部分后的四行为执行部分或称为执行语句部分，用以完成程序的功能。执行部分的第一行是输出语句，调用 printf 函数在显示器上输出提示字符串，请操作人员输入自变量 x 的值。第二行为输入语句，调用 scanf 函数，接受键盘上输入的数并存入变量 x 中。第三行是调用 sin 函数并把函数值送到变量 s 中。第四行是用 printf 函数输出变量 s 的值，即 x 的正弦值。最后程序结束。

```
printf("input number:\n");
scanf("%lf",&x);
s = sin(x);
printf("sine of %lf is %lf\n",x,s);
```

运行本程序时，首先在显示器屏幕上给出提示串 input number，这是由执行部分的第一行完成的。用户在提示下从键盘上键入某一数，如 5，按下回车键，接着在屏幕上给出计算结果。

1.4　实训

1.4.1　应用项目的建立

一个应用项目（Project）是由若干编译单元（简称单元）组成的，而每个编译单元由一个程序文件（扩展名是 .cpp）及与之相关的头文件（扩展名是 .h）组成。在组成项目的所有单元中，必须有一个（也只能有一个）单元包含主函数 main（）的定义，这个单元称为主单元，相应的程序文件称为主程序文件。一个简单的控制台应用系统可以只有一个单元，即主单元。通过编译，每个单元生成一个目标程序文件（扩展名是 .obj）。通过连接这些目标程序文件，整个系统生成一个唯一的可执行文件（扩展名是 .exe），而主名与项目名称相同。

在建立应用项目的同时系统会自动建立一个工作区，工作区的名称与所建项目同名。工作区在建立时，自动生成扩展名为 .dsw 的工作区文件，以及扩展名为 .dsp，.ncb，.opt 等其他文件，用来保存工作区信息和项目信息，这些文件都由编译系统自动维护。在工作区建立的同时系统会自动生成一个与项目名同名的文件目录，所有与该工作区相关的文件都将保存在该目录中，其中包括与工作区名称相同的、扩展名为 .dsw 的工作区文件。

现在介绍一个简单应用系统项目的构成。假定程序清单保存在文件 add.cpp 中。作为一个简单的控制台应用系统，它只需一个编译单元，即主单元，项目中的文件包括：

　　add.cpp：主单元的程序文件；

　　add.obj：主单元的目标文件；

　　add.exe：项目的可执行文件；

这里没有列出主单元所用到的头文件 iostream.h、stdio.h 等，因为它是系统提供的头文件，是不能修改的，因此一般不把它们看成是项目的组成部分。

Visual C++ 能够识别项目中的各种文件之间的依赖关系，自动维持这些文件的一致性。例如，若某个头文件被修改了，则所有用#include 命令插入该头文件的程序文件都将重新编译，更新原来的 OBJ 文件，并且重新进行链接，生成新的 EXE 文件。

下面以求两数之和程序为例，说明建立一个控制台应用项目的过程，项目名称为 add。

（1）在 d 盘根目录下建立名为 add 项目（及工作区）。

1）启动 Visual C++后，选择菜单命令 File|New，屏幕上出现 New 对话框，其中包括 Files（文件）、Projects（项目）、Workspace（工作区）和 OtherDocuments（其他文档）四个卡片，一般当前卡片是 Projects，如果不是，点击标有 Projects 的标签，使之成为当前卡片，如图 1-1 所示。

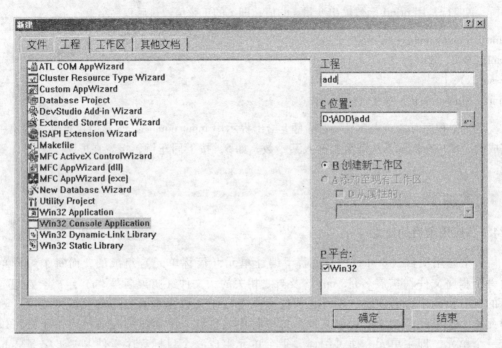

图 1-1   新建（New）对话框

2）在 Location 下输入一个全路径目录名"d：\"（或点击旁边的…按钮，浏览选择该目录）作为工作区目录；在 Project name 下输入项目名称"add"；单击选中左边清单中的 Win32 Console Application；最后点击 OK 按钮，屏幕出现 Win32 Console Application Step1 of1 窗口。

3）点击 Win32 Console Application Step1 of1 窗口中的 Finish 按钮，屏幕出现：New Project Information 窗口。

4）点击 New Project Information 窗口中的 OK 按钮。项目建立完毕，在 d 盘根目录下多了一个名为 add 的目录。此时的屏幕如图 1-2 所示。

（2）建立主程序文件 add. cpp。

1）如图 1-2 所示，屏幕左边的窗口显示的是工作区及项目信息，其中包括 Class View 和 File View 两个卡片，如果当前卡片不是 File View，点击标有 File View 的标签，使之成为当前卡片。File View 以文件夹的形式显示项目中已有的文件，其中的 add files 为项目 add 的文件夹。

2）双击 add files 文件夹将其展开，在其下面显示出 Source Files（源程序文件）、Header Files（头文件）和 Resource Files（资源文件）三个子文件夹，右键单击 Source Files，弹出一个菜单，如图 1-3 所示。

3）点击菜单命令 Add Files to Folder…（向文件夹中增添文件…），屏幕上出现一个 Insert

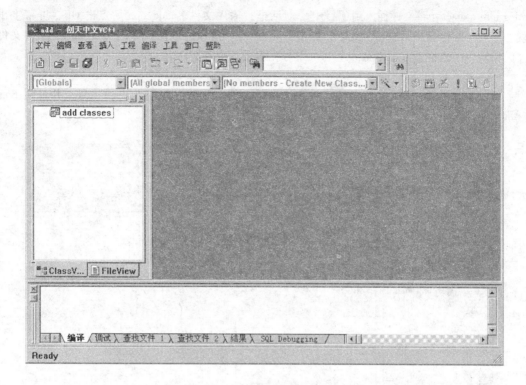

图 1-2　项目建成时的对话框

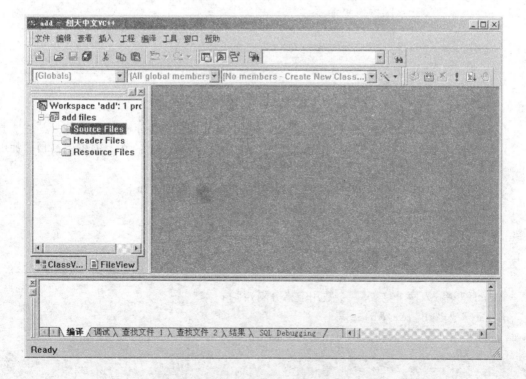

图 1-3　右键单击 Source Files 时对话框

Files into project（将文件插入到项目中）对话框，输入文件名 add. cpp 后点击 OK，屏幕上出现一个英文的信息提示窗口，此时，点击"是（Y）"按钮，该窗口即消失，Source Files 文件夹前出现一个方框，方框中有一个"＋"号，表示其中有文件。

（3）输入程序。

1）双击 Source Files 文件夹将其展开，前面的"＋"号立即变为"－"号，并且在下面显示出文件 add. cpp 的图标，如图 1-4 所示。

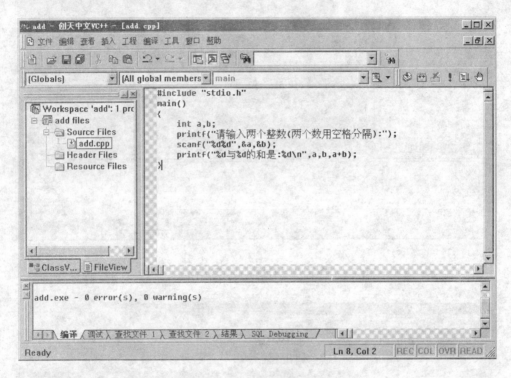

图 1-4　文本编辑器窗口

2）双击文件 add. cpp 的图标，屏幕上出现一个英文的信息提示窗口，此时，点击"是（Y）"按钮，该窗口即消失，屏幕右侧出现一个针对文件 add. cpp 的文本编辑器窗口，如图 1-4所示。

3）在文本编辑器窗口中即可输入所有程序语句，add. cpp 程序如下：

```
#include "stdio. h"
main( )
{
    int a,b;
    printf("请输入两个整数(两个数用空格分隔):");
    scanf("％d％d",&a,&b);
    printf("％d 与％d 的和是:％d\n",a,b,a＋b);
}
```

程序输入后的屏幕画面，如图 1-4 所示。

（4）其他有关的操作。

1）存盘。为了防止意外，应及时地保存有改动的文件。选择菜单命令 File—Save Work space，将所有有改动的文件存入磁盘。

2）关闭工作区。选择菜单命令文件（File）—关闭工作区（Close Workspace），关闭工作区中所有的文件。如果其中包含已改动而未存盘的文件，则将在存盘后关闭。

3）打开工作区。选择菜单命令文件（File）—打开工作区（Open Workspace），在弹出的 Open Workspace 对话框中选择要打开的工作区文件，然后点击"打开（O）"即可。例如要打开前面建立 add 工作区，在 Open Workspace 对话框中应先选择 d 盘根目录下的 add 子目录，在列出的子目录清单中再选择工作区文件 add. dsw，该工作区即被打开。

4）打开程序文件。在打开了工作区的情况下，双击项目文件夹将之展开，在显示出的文件图标中双击要打开文件的图标，该文件中的内容即出现在屏幕右侧的文本编辑器中。

1.4.2 程序的运行

Visual C++6.0 可以对源程序进行编译、连接，从而生成可执行文件。

（1）程序的编译和连接。选择菜单命令编译（Build）—Build 项目名 . exe（或按 F7 键）或编译（Build）—Rebuild All p 可对当前项目进行编译、连接，如图 1-5 所示，最后生成项目的可执行文件。注意项目名是指当前项目的名称，如果当前项目是 add，对应于菜单命令 Build 项目名，实际显示的是 Buildadd. exe。Build 命令依据文件间的依赖关系，进行一致性检查，从而只编译那些必须编译的程序文件。例如若一个头文件被修改了，则只有那些用到该头文件的程序文件才被重新编译一遍，其他文件并不重新处理。如果连续两次执行 Build 命令，则第二次将不做任何事情。由于 Build 的这一个不做无效劳动的特性，它的处理效率是很高的，这对于包含大量文件的大系统尤其重要。

也可以用选择菜单命令 Rebuild All 对当前项目进行编译、连接。Rebuild 与 Build 不同的

图 1-5 编译窗口

是，它不进行任何一致性检查，无条件地对项目中的程序文件统统重新处理。在未对源程序进行修改，但改变了项目某些设置（Settings）的情况下，就可以选择 Rebuild 命令强制性地把项目中的所有程序文件重新编译一遍，并重新连接，生成符合设置要求的可执行文件。

（2）程序的运行。选择菜单命令编译（Build）—开始调试（Start Debug）—Go，或按 F5 键，即运行当前项目的可执行文件。如果项目中的某个文件已被修改，但又没有使用 Build 或 Rebuild 这样的菜单命令重新生成可执行程序，则有关文件将被重新编译、连接，Go 执行的是新生成的可执行文件。也就是说，Go 在执行程序前，首先执行 Build，因此在程序开发过程中很少直接使用菜单命令编译（Build）—Build 项目名 . exe。

前面一直提到的"运行程序"，是指运行控制台应用程序。程序运行时会弹出一个 DOS 窗口，程序的输入、输出均在这个窗口中进行。运行程序的另一种方法就是直接在 DOS 界面下运行，即在 DOS 提示符 > 后键入程序名。如果当前界面是 Windows，则应先启动 MS—DOS 方式。

1.4.3　程序的调试

调试是一种特殊的程序运行方式，其目的是通过跟踪程序运行，找出产生错误的原因和具体位置，并加以纠正。

每一个具体的调试过程总是针对被怀疑有错误的程序段的，调试过程就是要跟踪这个可能产生错误的程序段，由此判断：对于特定的输入，程序是否按预期的流程运行；对于特定的输入，有关变量是否如预期的那样改变着它们的值。

（1）调试程序的第一步。运行程序，并让程序停留在选定程序段的开始处。

常用方法是：设置断点（见下面的解释），然后选择菜单命令编译（Build）—开始调试（Start Debug）—Go 或按 F5 键启动程序，运行的程序将停留在断点所在行。一旦程序停留在您选定的行，一个箭头将出现在该源程序行的行首，同时 Build 菜单项消失，取而代之的是 Debug 菜单项，表明当前处于调试运行状态。

（2）设置/取消断点。断点是预先设置的停留点。可在程序中您所关注的若干程序行分别设置断点，每当程序运行到某个断点处时就会自动停留在该处。设置断点的方法是：首先把光标定位在要设置断点的程序行，按 F4 键，此时该行的行首会出现一个紫红色的实心圆，表明该行已设置为断点。取消断点的方法是：把光标移到断点所在行，按 F9 键，此时行首的紫红色实心圆消失，表明该断点已被取消。

（3）运行到下一个断点处。使程序继续运行，并停留在下一个断点处，可选择菜单命令开始调试（Start Debug）—Go 或按 F5 键。

（4）单步运行。单步运行就是执行当前语句后停留在下一个语句。这里所谓的"下一个语句"有三种不同的含义，因此单步运行也分为三种情况：

1）跨过调用的函数。如果当前语句中有函数调用，选择菜单命令开始调试（Start Debug）—StepOver 或按 F10 键，程序将在函数返回后停留在函数调用的下一个可停留行，这就是"跨过调用的函数"的含义。

2）进入调用的函数。如果当前语句中有函数调用，选择菜单命令开始调试（Start Debug）—Step Into 或按 F11 键，程序将停留在该函数内的第一个可停留语句行，这就是"进入调用的函数"的含义。

3）退出调用的函数。选择菜单命令开始调试（Start Debug）—Step Out 或按 Shift + F11 键，程序将在返回到调用函数后，停留在调用处的下一个语句行。

（5）停止调试运行。选择菜单命令 Run/Program Reset 或按 Ctrl + F2 键，程序即停止运行，此时 Debug 菜单项消失，Build 菜单项又重新出现，表明调试运行状态已经结束。

（6）查看变量或表达式的当前值。查看变量值有多种方式，可以选择您喜欢的方式进行：

1）将鼠标移动到源程序的变量名处，系统会自动显示该变量的当前值。

2）复杂变量（如对象）可以通过 QuickWatch 查看，方法是：将光标定位到所要查看值的变量处，按鼠标右键，选择 QuickWatch 菜单，就可以看到变量值。

3）在进入调试运行状态后，屏幕下方将会出现两个输出窗口，一个是 Watch，另一个是 Variable。Watch 窗口显示表达式的值，您可以在 Watch 窗口中加上您想观察其值的表达式，也可以直接从源代码中选择一个表达式，并把它拖动到 Watch 窗口中。Variable 窗口显示程序当前运行上下文涉及的变量的值。

小　　结

在第 1 章中，主要介绍了 C 语言的特点和书写格式，其作为 C 语言的基础知识，一定要掌握。同时要清楚 C 语言中标识符的使用规则。这里介绍的 C 语言的基本结构，主要是为了让读者可以更好地理解实例，详细的讲解在后面的章节之中。本章的重点内容是 C 语言的使用环境，为了配合计算机等级考试，使用了 Visual C++ 6.0 环境。而在 DOS 环境下的 Turbo C 环境，附录 E 对其中的 Turbo C2.0 环境做了介绍，以方便大家的使用。

（1）一个 C 语言源程序可以由一个或多个源文件组成。

（2）每个源文件可由一个或多个函数组成。

（3）一个源程序不论由多少个文件组成，都有一个且只能有一个 main 函数，即主函数。

（4）源程序中可以有预处理命令（include 命令仅为其中的一种），预处理命令通常应放在源文件或源程序的最前面。

（5）每一个说明，每一个语句都必须以分号结尾。但预处理命令，函数头和花括号"｝"之后不能加分号。

（6）标识符，关键字之间必须至少加一个空格以示间隔。若已有明显的间隔符，也可不再加空格来间隔。

（7）在 C 语言中使用的词汇分为六类：标识符、关键字、运算符、分隔符、常量和注释符。

（8）C 语言的最基本组成单位是函数。

习　　题

（1）C 语言源程序的基本单位是_____。

　　A. 过程　　　B. 函数　　　C. 子程序　　　D. 标识符

（2）下列各组字符序列中，可用作 C 标识符的一组字符序列是_____。

　　A. S. b,　　sum,　　average ,　　_above

　　B. class,　　day,　　lotus_1,　　2day

　　C. #md,　　&12x,　　month,　　student　_n1

　　D. D56,　　r_1_2,　　name,　　_st_1

（3）以下各组标识符中，不能作为合法的 C 用户定义标识符的是①____、②____、③____、④____。

①A. a3_b3   B. void   C. _123   D. IF

②A. For   B. printf   C. WORD   D. sizeof

③A. answer   B. to   C. signed   D. _if

④A. putchar   B. _double   C. 123_   D. INT

(4) 以下各组数据中，不正确的数值或字符常量是①____、②____、③____、④____。

①A. 0. 0   B. 5L   C. o13   D. 9861

②A. 011   B. 3. 987E-2   C. 018   D. 0xabcd

③A. 8. 9e1. 2   B. 1e1   C. 0xFF00   D. 0. 825e2

④A. " c"   B. '\"'   C. 0xaa   D. 50

(5) 哪一个是 C 语言中合法的常量_____。

A. 1. 52e   B. ±13   C. 'X'   D. "X"'Y'

2 数据类型

因为 C 语言即是高级语言，又具有低级语言的功能。所以 C 语言的数据类型非常丰富，即能完成高级语言的功能，也能完成低级语言的功能。C 语言的数据类型如图 2-1 所示。

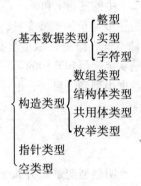

图 2-1　C 语言的数据类型

2.1　常量和变量

常量和变量是程序进行处理的对象。对两者的学习，直接关系到数据的使用和后期程序设计的学习。

2.1.1　常量的定义及使用

在 C 语言程序运行过程中，其值不能被改变的量，称为常量。常量根据类型的不同可以分为：整型常量、实型常量、字符常量等，整型常量又分为长整型、短整型和无符号整型，而整型常量和实型常量又统称为数值型常量。

在 C 语言中，可以定义符号常量来代替频繁使用或者复杂的常量，符号常量在定义时并不需要说明常量的类型，只需要说明符号常量的标识符和常量值。在使用符号常量时，直接调用该常量的标识符即可。

例 2.1　求圆面积

```
#define PI 3.14159          /*定义符号常量 PI,其值为 3.14159*/
main()
{
    float r,s;
    r = 3.0;
    s = PI * r * r;           /*调用符号常量 PI,进行运算*/
    printf("s = %f\n",s);
}
```

程序运行结果如下：

s = 28. 274309

符号常量由#define 来定义，并初始化该符号常量的值，在程序的编译阶段中，所有的符号常量都将被其对应的值代替。在使用#define 时，必须以#号作为一行的开头，结尾不加分号（;）。

2.1.2　变量的声明及使用

对应常量，在程序运行过程中其值可以改变的量，称为变量。每个变量都应该有自己的变量名，即一个合法的标识符，如例2.1 中的变量 r 和 s。

与常量类似变量按照其类型分为整型变量、实型变量、字符变量等。实际上，变量就是内存中的系统按其类型分配的一段存储空间，给变量赋值就是将数值存入变量所对应的存储空间。要注意的是变量的作用范围，是从定义语句开始的。

变量在声明时需要表明自己的数据类型和变量名，也可以给该变量赋予初始值。

例 2.2　简单加法运算

```
main( )
{
    int a = 3;                    /*声明整型变量 a,并赋予初始值为 3*/
    int b,c;                      /*声明整型变量 b、c,无初始值*/
    b = 15;
    c = a + b;                    /*调用变量 a、b 求和后将值赋予变量 c*/
    printf( " c = % d\n" ,c)
}
```

程序运行结果如下：

c = 18

2.2　基本数据类型

基本数据类型是最常用的数据类型，主要包括整型、实型、字符型。

2.2.1　整型

在 C 语言中，整型常量有多种分类。按占字节的多少分为基本型（int）、短整型（short）、长整型（long）。一般来说在微型机中，基本型和短整型相同都是占用 2 个字节，声明变量的类型标识符为 int 和 short，而长整型占用 4 个字节，声明变量的类型标识符为 long。在 C 语言中，int 经常作为默认的数据类型出现。

整型数据按符号可以分为有符号型（signed）、无符号型（unsigned）。有无符号型是指该整型是否可以取负值，两者能表示的整型数的个数是相同的，不同处在于表示的整型数的范围不同。其声明变量的关键字分别是 signed 和 unsigned。在这里有符号型为默认值，没有unsigned关键字的作为有符号型的数据处理。

以上两种分类可以互相叠加。整型数据分类（微型机中）如表2-1 所示。

整型数据按进制可以分为十进制、八进制、十六进制。

十进制由常用数字表示，而八进制是由 0 开头的数字表示，十六进制是以 0x 开头，由数字和字母 a、b、c、d、e、f 来表示。C 语言三种进制如表 2-2 所示。

表 2-1　整型数据分类

类型标识符	占用字节数	数值范围
[signed]short(int)	2	-32768 ~ 32767
[signed] long	4	-2147483648 ~ 2147483647
unsigned short(int)	2	0 ~ 65535
unsigned long	4	0 ~ 4294967295

表 2-2　C 语言三种进制

进　　制	例　　子
十进制	1、35、67892
八进制	011、0777
十六进制	0x1a2、0xff

整型变量的声明方法如下：

类型标识符变量名；

int x;　　　　　　　　　　/*声明一个基本整型变量 x*/

unsigned long y;　　　　　/*声明一个无符号的长整型变量 y*/

2.2.2　实型

实型是指值为实数的量。在 C 语言中，实型的表示方式有两种：小数方式、指数方式。

小数方式就是用小数的方式表示实数，每个实数由整数部分、小数点、小数部分组成，例如 3.14、0.618 等。小数方式较为直观，编写程序中经常使用。

指数方式类似数学中的科学记数法，将实数分为数值部分和指数部分，两者中间用 e 或者 E 隔开。要注意的是实数部分必须有数字，指数部分必须是整数。实型指数记数方式如表 2-3 所示。

表 2-3　实型指数记数方式

小数方式	指数方式
3.14	3.14e0、0.314e1、314e-2
0.618	618e-3、0.0618e1

在表中 3.14e0 相当于 3.14×10^0，0.314e1 相当于 0.314×10^1，314e-2 相当于 314×10^{-2}，这三者的值都是 3.14。

实际上实型在计算机中存储的方式就是指数记数方式。

实型数据主要分为两种：单精度实型和双精度实型。并且只能用十进制的数制。实型数据分类如表 2-4 所示。

表 2-4　实型数据分类

类型标识符	占用字节数	数值范围
float	4	7 位有效数字
double	8	17 位有效数字

实型变量的声明包括类型标识符和变量名：

类型标识符　变量名；

```
float x;                /*声明单精度实型变量 x*/
double y;               /*声明双精度实型变量 y*/
```

2.2.3　字符型

在 C 语言程序中，字符型数据也是经常用的一类数据类型。在内存中，字符以对应的 ASCII 代码值储存在一个字节之中。在程序中，字符用单引号来标记。如字符 a 在程序中应写成'a'。

使用 C 语言字符应注意以下几点：

（1）C 语言程序是区分大小写的，因此'a'和'A'表示不同的字符，并且拥有不同的 ASCII 代码值。

（2）因为每个字符的存储空间只有 1 个字节，所以单引号之间只能放一个字符，而'aa'是错误的，应该用字符串的方法去书写。

（3）在 C 语言中空格也属于字符型数据，但书写的时候应该写成' '，而不是"。

（4）ASCII 代码值表可以参看附录。

在字符型数据当中，有一类比较特殊的字符，它们既不是数字或字母，也不是标点符号，而代表一些特殊的含义。如'\n'表示换行、'\\'表示字符 \ 等等。

除此之外可以在反斜线之后添加一个八进制数来表示这个值作为 ASCII 代码值所对应的字符。如'\101'，八进制的 101 转换为十进制为 65，作为 ASCII 代码值所对应的字符为'A'，所以'\101'就是'A'。在这里八进制数前面应加的 0 是省略的。

同样，在反斜线之后添加一个十六进制数也可以表示字符。十六进制前面的 0x 也要省略一个 0。例如：'\x41'相当于'\101'、'A'。

字符型变量的定义和整型、实型变量的定义一样，但关键字使用的是 char。

例 2.3

```
main()
{
    char ch;                /*声明字符型变量 ch*/
    ch = 'A';               /*变量 ch 赋值为'A'*/
    printf("%d\n",ch);      /*输出变量 ch 的 ASCII 代码值*/
}
```

程序运行结果如下：

65

而且字符型数据是可以进行运算的，运算中使用其对应的 ASCII 代码值进行运算。

例 2.4

```
main()
{
    char ch1,ch2;                /*声明字符型变量 ch*/
    ch1 = 'A';                   /*变量 ch 赋值为'a'*/
```

```
    ch2 = ch1 + 32;                        /*变量 ch1 的 ASCII 代码值加上 32 再赋予变量 ch2*/
    printf("%c is %d\n",ch2,ch2);                   /*输出变量 ch 的 ASCII 代码值*/
}
```

程序运行结果如下：

a is 97

2.3 构造类型

构造类型是以基本数据类型为基础设计的一系列数据类型。换句话说一个构造类型的值可以分解成若干个"成员"或"元素"，每个"成员"或"元素"都既可以是一个基本数据类型，又可以是一个构造类型。构造类型的使用，可以大大方便程序的编写。

2.3.1 数组

数组是由若干个类型相同，存储位置相邻的变量组成的集合。按照表示方式可以分为一维数组、二维数组、n 维数组等，按照数据类型可分为整型数组、实型数组、字符型数组等。

数组的声明需要声明其数组名、数组元素的类型和数组元素的个数。

类型标识符数组名〔数组元素个数〕

例如：

int a〔10〕;

声明了一个整型数组 a，其中含有 10 个元素。

例 2.5

```
main( )
{
    int a[10];
    a[0] = 1;                      /*给数组元素 a[0]赋予 1 的值*/
    a[1] = 2;
    a[2] = a[0] + a[1];            /*数组元素 a[0],a[1]相加并将和赋给数组元素 a[2]*/
    printf("%d",a[2]);            /*以整型数据的方式输出数组元素 a[2]*/
}
```

程序运行结果如下：

3

使用数组要注意的有：

(1) 数组元素的序号是从 0 开始的；

(2) 对数组元素的引用不能越界；

(3) 数组名就是此数组的首地址；

(4) 数组元素的个数就是此数组的长度。

如定义数组 a〔10〕，那么它的元素应该是从 a〔0〕开始到 a〔9〕结束，不能引用 a〔10〕、a〔11〕等，a 可以表示此数组的首地址，数组长度为 10。

整个数组的赋值只能在声明的时候直接初始化，此后的赋值只能是给每个数组元素赋值了。

例 2. 6

```
main( )
{
  int a[2] = {1,2};
  int b[5] = {1};    /* 数组 b 初始化,b[0]赋值为 1,其他的元素赋值省略,默认值为 0*/
  printf("%d,%d",a[0],b[1]);
}
```

程序运行结果如下：

1, 0

二维数组相当于一个拥有 2 个元素的数组，而它的每个元素都是一个数组。同理 N 维数组相当于一个有 N 个元素的数组，而它的每个元素都是一个数组。这里以二维数组为例，来看 N 维数组如何声明。

例 2. 7

```
main( )
{
  int a[3][3];
  a[0][0] = 1;                        /* 为二维数组元素 a[0][0]赋值 1*/
  a[1][2] = 3;
  a[2][1] = a[0][0] + a[1][2];
  printf("%d",a[2][1]);
}
```

程序运行结果如下：

4

二维数组好像很抽象，其实不难理解。在逻辑上我们可以把它看成一个矩阵。二维数组 a[3][3]的逻辑图如图 2-2 所示。

a[0][0]	a[0][1]	a[0][2]
a[1][0]	a[1][1]	a[1][2]
a[2][0]	a[2][1]	a[2][2]

图 2-2　二维数组逻辑图

在物理上他的存储方式，如图 2-3 所示。

a[0][0]	a[0][1]	a[0][2]	a[1][0]	a[1][1]	a[1][2]	a[2][0]	a[2][1]	a[2][2]

图 2-3　二维数组物理图

2.3.2　结构体类型

结构体可以说是一种变异的数组，他也是由若干个元素构成，这些元素同样位置相邻，但是这些元素的类型却可以不同。可以说结构体是若干个位置相邻的变量的集合。

同时，结构体的使用也非常广泛，如一个学生的数据信息：

学　号	姓　名	性　别	年　龄	成　绩
字符型（8）	字符型（6）	字符型（1）	整型	整型

图 2-4　学生信息图

结构体类型的示意图如图 2-5 所示。

内存单元	内存单元	内存单元	内存单元	内存单元	内存单元	内存单元	内存单元	内存单元	内存单元	内存单元	内存单元	内存单元	内存单元	内存单元	内存单元	内存单元	内存单元
学号							姓名						性别	年龄		成绩	

图 2-5　结构体类型示意图

每个结构体的结构都不尽相同，其长度是它所有元素大小的和。

结构体变量在使用前，必须要声明它的结构，然后再声明具体的结构体变量。

定义结构体结构方法有 3 种：

（1）方法一：

```
struct student              /*定义结构体类型 student*/
{
  char id[8];               /*定义结构体 student 中的元素*/
  char name[6];
  char sex;
  int age;
  int sco;
};
```

这种方法可以在后面的程序中，直接使用 struct student 声明该类型的结构体变量。如：

```
struct student st1;
```

声明了结构体变量 st1。

（2）方法二：

```
struct student
{
  char id[8];
  char name[6];
  char sex;
  int age;
```

```
    int sco;
}st1;
```

声明结构体类型 student，并且直接声明该类型的结构体变量 st1；

（3）方法三：

```
struct
{
    char id[8];
    char name[6];
    char sex;
    int age;
    int sco;
}st1;
```

这种方法直接声明了结构体变量 st1，以后的程序中无法再直接声明该类型的结构体变量。

在使用结构体变量的元素的时候，要使用成员运算符点号（.）。

例 2.8

```
struct student
{
    char id[8];
    char name[6];
    char sex;
    int age;
    int sco;
};
main()
{
    struct student st1;
    st1. age = 19;
    st1. sco = 90;
    printf("%d,%d", st1. age, st1. sco);
}
```

程序运行结果如下：

19, 90

2.3.3　共用体类型

共用体的声明和使用都和结构体非常相似，区别只在于关键字的不同，共用体的关键字是 union。但它的意义与结构体大不相同，共用体的元素并不是位置相邻而是位置相同，即同一个存储空间，所以在同一时刻只有一个元素激活。也就是可以使一个变量拥有多个数据类型。如图 2-6 所示。

内存单元	内存单元	内存单元	内存单元
abc. a			
abc. b			
abc. c			

图 2-6　共用体结构图

例 2. 9

```
union x
{
    char a;
    int b;
    long c;
} abc;
main( )
{
    abc. a = 'A';
    abc. b = 120;
    printf( "% d" , abc. b) ;
}
```

程序运行结果如下：

120

2.3.4　枚举类型

在实际问题中，有些变量的取值被限定在一个有限的范围内。例如，一个星期内只有七天，一年只有十二个月，一个班每周有六门课程等等。如果把这些量说明为整型、字符型或其他类型显然是不妥当的。为此，C 语言提供了一种称为"枚举"的类型。在"枚举"类型的定义中列举出所有可能的取值，被说明为该"枚举"类型的变量取值不能超过定义的范围。

比如说，颜色有：红色、蓝色、绿色和黑色。

enum color{red,blue,green,brack}

那么 color 就是一个有 4 个值的枚举类型。实际上枚举类型在运算的时候每个值都有自己的常量值，枚举类型的变量在存储数据的时候存储的就是常量值。

例 2. 10

enum color{red = 1,blue,green = 4,brack}

枚举值	red	blue	green	brack
常量值	1	2	4	5

例子中 red、green 给定了常量值分别是 1、4，而 blue 和 brack 没有赋值，它们的常量值则为前面常量值自加一。如 red 的常量值为 1，则 blue 的常量值为 2。

2.4　指针类型

　　指针是 C 语言中广泛使用的一种数据类型。运用指针编程是 C 语言最主要的风格之一。利用指针变量可以表示各种数据结构，能很方便地使用数组和字符串，并能像汇编语言一样处理内存地址，从而编写出精练而高效的程序。

2.4.1　指针与地址

　　地址是计算机内存中存储单元的编号，而指针就是用来存储地址的变量。既然指针存储的是内存地址，而变量又是内存当中的一段存储空间，那么两者之间有关系吗？

　　答案是肯定的。每个变量实际上都占内存中的一段存储空间，这段存储空间第一个存储单元的地址就是这个变量的地址，如果用一个指针变量 p 来储存一个普通变量 i 的地址，那么我们就可以通过指针 p 来找到变量 i。指针与地址示意图，如图 2-7 所示。

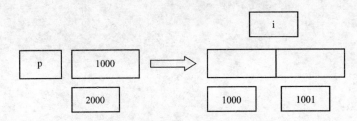

图 2-7　指针与地址示意图

　　如果想使用指针来进行编程，那么首先应该给指针变量赋值。赋值的时候需要使用地址运算符（&）求出变量的地址再赋给指针。

　　例如：

p = &i;　　　　　　　/*将变量 i 的地址赋值给指针变量 p*/

指针的声明需要说明指针变量所要指向变量的数据类型与指针变量名。

　　例 2.11

```
main ( )
{
  int i , *p;
  p = &i;
  *p = 10;
  printf ("%d", i);
}
```

　　程序运行结果如下：

10

2.4.2　指针与数组

　　指针不仅可以指向基本的数据类型，如：int、float、char 等等，还可以指向数组等复杂的数据类型。而且指针最大的优点也在于指针与复杂的数据类型的"配合"。由于数组所有的元素是相邻而且有规律的，所以数组和指针的"配合"非常"完美"。

指向数组的指针，我们称为数组指针。为数组指针赋值很容易，因为数组名就是此数组的首地址，所以只要将数组名的值赋给指针就可以了。但是，要注意的是，数组指针要与数组元素的类型相同。

例 2. 12

```
int a [10];
int *p;
p = a;
```

上面说过，数组中所有的元素都是相邻的，那么我们只需要简单的移动数组指针就可以访问数组中的每一个元素。指针与数组如图 2-8 所示。

数组 a [10]

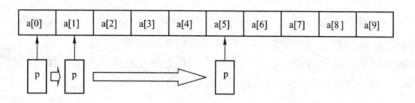

图 2-8 指针与数组

例 2. 13

```
main( )
{
  int a[10] = {1,2,3,4,5,6,7,8,9,0};
  int *p;
  p = a;
  printf("%d,",*p);
  p = p +1;
  printf("%d,",*p);
  p = p +4;
  printf("%d,",*p);
}
```

程序运行结果如下：

1, 2, 6

字符串是一个类型为 char 的一维数组。在 C 语言中的字符串通常是以字符指针开始，以串终结符'\0'或空字符（null）结束的。这种约定使得字符串的处理独具特色。

字符串常量是用一对双引号括起来的，它们在存储的时候以字符数组的方式储存，但在最后会多一个位置来存放'\0'。例如：字符串"abc"就是用一个长度为 4 的字符数组来保存的，4 个数组元素分别是'a'、'b'、'c'、'\0'。

因为前面说到 C 语言中的字符串通常是以字符指针开始，以串终结符'\0'或空字符（null）结束，所以我们使用字符指针来处理字符串，这是字符串处理的最大特色。

例 2. 14

```
main( )
{
    char s[ ] = "abc";              /*声明字符串 s,并将其值初始化为"abc" */
    char *p,ch;
    p = s;                          /*将字符指针 p 指向字符串 s */
    ch = *(p +1);                   /*将指针 p +1 指向的值赋给 ch */
    printf( "% c",ch);
}
```

程序运行结果如下:

b

一个字符串变量的变量名就是它的首地址,所以字符串通过将其变量名赋予一个字符指针来使其指向自己,还可以通过加减运算来移动指针指向的位置。

指针数组是指数组的元素都是指针。其最大的优点在于可以比一个二维字符数组更加地节省存储空间。二维字符数组与指针数组如图 2-9 所示。

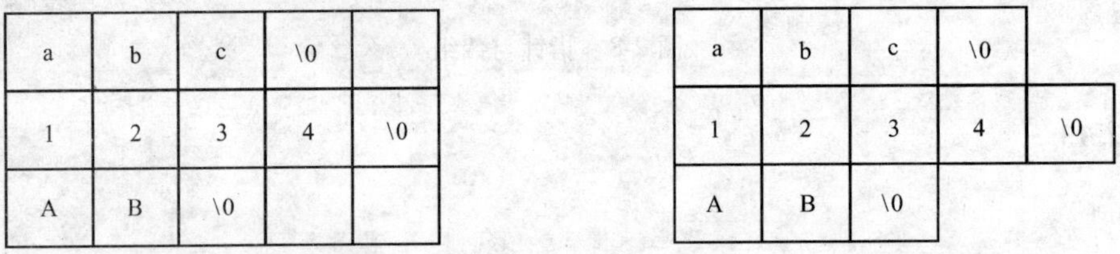

a	b	c	\0	
1	2	3	4	\0
A	B	\0		

二维字符数组

a	b	c	\0	
1	2	3	4	\0
A	B	\0		

字符串数组

图 2-9　二维字符数组与指针数组

2.4.3　指针与结构体

如果使用一个指针变量,当用来指向一个结构变量时,就称该指针变量为结构指针变量。结构指针变量中的值是该结构变量的首地址。

例 2. 15

```
struct student
{
    char id[8];
    char name[6];
    char sex;
    int age;
    int sco;
}
main( )
{
    struct student st1 ,*ps;
```

```
    ps = &st1 ;                    /*将结构体的首地址赋予指针 ps*/
    st1. age = 19;
    st1. sco = 90;
    printf("%d,%d,", st1. age, st1. sco);
    printf("%d,%d", ps -> age, ps -> sco);
}
```

程序运行结果如下：

19,90,19,90

如果有若干个结构相同的结构体，并且结构体中都有一个指向下一个结构体的指针变量，那么就可以称之为线性链表。线性链表结构图如图 2-10 所示。

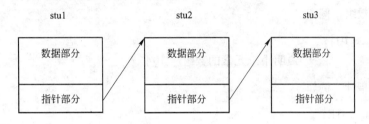

图 2-10　线性链表结构图

在一个完整的线性链表中，都应该有一个头指针（head）和一位尾指针（最后一个结构体的指针且值为 null），这样就使链表的使用和字符串一样简单。完整线性链表结构图如图 2-11 所示。

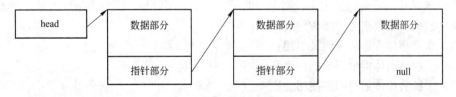

图 2-11　完整线性链表结构图

2.5　空类型

空类型是一种比较特殊的数据类型，当一个函数的返回值是一个整型的时候，那么我们说这个函数的数据类型是整型，如果返回值是一个实型，那么这个函数的数据类型是实型，当它没有任何返回值的时候，这个函数的数据类型就是空类型。

2.6　自定义类型

如果用户在编程过程中，在以上的数据类型中仍找不到合适的数据类型，或者已有的数据类型声明起来不顺手，这没有关系，C 语言中提供了用户自定义类型，用户可以用系统已有的数据类型来定义自己需要的数据类型。

用户自定义类型的格式为：

typedef　数据类型　自定义类型名；

例 2.16

（1）简单的名字替换，例如：

```
typedef int INTEGER;
```
在以后的程序中可以直接使用 INTEGER 声明整型变量，即
```
INTEGER i;
```
（2）代替结构体，例如：
```
typedef struct
{
char id[8];
char name[6]
}STUDENT;
STUDENT stu1;        /*声明结构体变量 stu1*/
```
（3）代替数组，例如：
```
typedef int A[10];
A a;                 /*声明十个元素的数组 a[10]*/
```
（4）代替指针，例如：
```
typedef char *STR;
STR p;               /*声明一个指向字符的指针 p*/
```

2.7　实训

2.7.1　实训目的

（1）掌握 C 语言的数据类型，熟悉声明一个整型、字符型、实型变量以及赋值的方法；
（2）掌握一维数组与二维数组的使用；
（3）掌握指针变量的声明及引用；
（4）了解结构体类型变量的声明和使用；
（5）了解共用体的声明和使用。

2.7.2　实训理论基础

（1）C 语言的基础数据类型；
（2）一维数组及二维数组概念及声明；
（3）指针的概念及声明；
（4）结构体的概念及结构体元素的引用；
（5）共用体的概念；
（6）指针与数组、指针与结构体的结合运用。

2.7.3　程序调试实训内容与要求

输入如下程序，分析运行结果。
程序一
（1）程序代码：
```
main()
```

```
{
    char c = 'a';
    char str[ ] = "see you";
    int i = 1234;
    float x = 123.456789;
    float y = 1.2;
    printf("1: %c,%s,%d,%f,%e,%f\n",c,str,i,x,x,y);
    printf("2: %4c,%10s,%6d,%12f,%15e,%10f\n",c,str,i,x,x,y);
    printf("3:% -4c,% -10s,% -6d,% -12f,% -15e,% -10f\n",c,str,i,x,x,y);
    printf("4: %0c,%6s,%3d,%9f,%10e,%2f\n",c,str,i,x,x,y);
    printf("5: %12.2f\n",x);
    printf("6: %.2f\n",x);
    printf("7: %10.4f\n",y);
    printf("8: %8.3s,%8.0s\n",str,str);
    printf("9: %%d: %d\n",i);
}
```

（2）程序分析解释：

1）程序中定义了 1 个 char 型变量 c，1 个字符数组 str 存放一个字符串，1 个 int 型变量 i 和 2 个 float 型变量 x、y，并进行初始化，这是一种赋值形式。

2）程序中采用几种不同的格式输出定义的变量值，第 1 个 printf 采用默认输出形式；第 2 个 printf 中加入输出宽度；第 3 个 printf 中 " - " 代表左对齐这也是与第 2 个 printf 不同的地方；第 4 个 printf 中使用了与前面不同的宽度设置，产生不同的输出结果；第 5、6、7 个 printf 是对 float 型变量采用不同宽度和不同小数位数输出的形式；第 8 个 printf 是对字符串的输出控制；第 9 个 printf 中两个连续的 "%%" 表示输出 "%"。

（3）程序运行结果：

1:a,see you,1234,123.456787,1.23457e+02,1.200000

2: a, see you, 1234, 123.456787, 1.23457e+02, 1.200000

3:a ,see you ,1234 ,123.456787 ,1.23457e+02 ,1.200000

4: a,see you,1234,123.456787,1.23457e+02,1.200000

5: 123.46

6: 123.46

7: 1.2000

8: see,

9: %d: 1234

程序二

（1）程序代码：

```
main()
{
    char c1,c2,c3,c4;
```

```
    int x1;
    double x2;
    c1 = 'B';
    c2 = 66;
    c3 = '\102';                 /*'\102'是八进制表示的转义字符*/
    c4 = '\x42';                 /*'\x42'是十六进制表示的转义字符*/
    x1 = 66;
    x2 = 1.23456789123;
    printf("c1\'s char is %5c,c1\'s int is %5d\n",c1,c1);
    printf("c2\'s char is %5c,c2\'s int is %5d\n",c2,c2);
    printf("c3\'s char is %5c,c3\'s int is %5d\n",c3,c3);
    printf("c4\'s char is %5c,c4\'s int is %5d\n",c4,c4);
    printf("x1\'s char is %5c,x1\'s int is %5d\n",x1,x1);
    printf("x2\'s %%f is %15f,\nx2\'s %%g is %15g,\nx2\'s %%e is %15e
    \n",x2,x2,x2);
    printf("x2\'s %%f is %15.12f,\nx2\'s %%g is %15.12g,\nx2\'sx %%e is
    %15.12e\n",x2,x2,x2);
}
```

（2）程序分析解释：

1）程序中定义了 4 个 char 型变量 c1，c2，c3，c4，1 个 int 型变量 x1 和 1 个 double 型变量 x2，然后进行赋值，这是另外一种赋值方式。

2）由运行结果可以看到 c1，c2，c3，c4，x1 代表同一个字符 B。从中可以看出 C 语言中 int 型和 char 型是可以相互转换的，一是赋值转换，另一是输出转换。

3）对于 double 型的 x2 有三种输出格式：有 %f，%e，%g。其中，%f 是以小数形输出；%e 以指数形式输出；%g 根据数值大小，自动选择 f 或 e 格式。当使用 %15f 默认小数位数为 6 位，输出 1.234567，%15e 默认输出位数 11 位，输出 1.23456e+00；当使用 %15.12f 时，小数位数为 12 位，输出 1.234567891230；当使用 %15.12e 时，输出 1.23456789123e+00。

（3）程序运行结果：

```
c1's char is        B,c1's int is      66
c2's char is        B,c2's int is      66
c3's char is        B,c3's int is      66
c4's char is        B,c4's int is      66
x1's %f is              1.234568,
x2's %g is              1.23457,
x2's %e is        1.23457e+00
x2's %f is        1.234567891230,
x2's %g is        1.23456789123,
x2's %e is        1.23456789123e+00
```

程序三

在一个有序（升序）的数列中插入一个数，要求插入该数据后数列仍有序。

（1）程序设计思想：

此问题可用一维数组存放有序的数列。在数组中插入一个数据时，首先要确定插入的位置，需要将插入的数据与数组中的元素从头开始比较，当插入数据小于某个数组元素时，插入位置确定，然后，要对以后的数组元素进行向后移动，为插入数据留出存放空间。

（2）程序代码：

```
main( )
{
    int a[11] = {1,4,6,9,13,16,19,28,40,100};
    int temp1,temp2,number,end,i,j;
    printf("The dimension is:\n");
    for(i=0;i<10;i++)
        printf("%5d",a[i]);
    printf("\n");
    printf("Please input the inserted number: ");
    scanf("%d",&number);
    for(i=0;i<10;i++)
        if(number<a[i])
        {
            for(j=10;j>i+1;j--)
            {
                a[j]=a[j-1];
                a[i]=number;
            }
        }
    for(i=0;i<11;i++)
        printf("%5d",a[i]);
}
```

（3）程序分析解释：

1）用一维数组 a 存放有序的数列。

2）插入一个数据时，应与各元素比较，若 number < a[i]，则将其插入下标为 i 的位置上，并将 a [i] 后面的元素依次后移。后移采用的是循环语句：

```
for(j=10;j>i+1;j--)
{ a[j]=a[j-1];
  a[i]=number;}
```

来实现的。

（4）程序运行结果：

The dimension is:

1　4　6　9　13　16　19　28　40　100

Please input the inserted number:5

1 4 5 6 9 13 16 19 28 40 100

程序四

（1）程序代码：

```
#include "stdio. h"
main( )
{
    int a = 5,b = 6;
    int *pa,*pb;
    pa = &a;
    pb = &b;
    printf("The address of a is %u\n",&a);
    printf("The value of pa is %u\n",pa);
    printf("The address of b is %u\n",&b);
    printf("The value of pb is %u\n",pb);
    printf("a + b = %d\n",a + b);
    printf("*pa + *pb = %d\n",*pa + *pb);
    printf("The size of pointer is %d\n",sizeof(pa));
    printf("The address of pa is %u\n",&pa);
    printf("&*pa = %u\n",&*pa);
    printf("*&pa = %u\n",*&pa);
    printf("*&a = %u\n",*&a);
    printf("*&b = %u\n",*&b);
}
```

（2）程序分析解释：

1）程序首先定义两个指针变量：int *pa,*pb，注意，这里的"*"表示 pa 和 pb 是指针变量，要与后面引用时的 *pa 和 *pb 相区分。

2）pa = &a，pb = &b 是为指针变量 pa 与 pb 赋值，实际是将 pa 指向变量 a，pb 指向变量 b，即 pa 中存放变量 a 的地址，pb 中存放变量 b 的地址。由输出 &a 和 pa 的值就可以看出，二者的值是相同的。

3）通过输出 a + b 和 *pa + *pb，可以得知：a 与 *pa 相同，b 与 *pb 相同，这里 *pa 中的"*"是指针运算符，表示取 pa 中的地址所在的变量的值，即 a 的值。

4）sizeof( ) 的功能是计算某种类型的变量所占内存空间的字节数，对于指针变量，不论其指向何种数据类型，都占据相同的存储空间，即系统为所有类型的指针变量分配相同大小的内存空间，通常情况下为一个机器字长。

5）&pa 表示指针变量 pa 的地址，因为 pa 也是变量，系统也要为其分配存储空间。

6）&*pa 表示对 pa 进行了两种运算，按照自右向左的原则，先进行 *pa，即表示变量 a，再执行 & 运行，即取变量 a 的地址，因此 &*pa 就是变量 a 的地址；反之，对于 *&a 运算，表示先取变量 a 地址 &a，就是 pa 的值，然后执行 * 运算，即 *pa，得出变量 a 的值。注意，不可以进行 &*a 运行，请读者思考为什么？

（3）程序运行结果：

The address of a is 65494

The value of pa is 65494

The address of b is 65496

a + b = 11

*pa + *pb = 11

The size of pointer is 2

The address of pa is 65498

& * pa = 65494

* &pa = 65494

* &a = 5

* &b = 6

程序五

写一个函数 days，实现计算。由主函数将年、月、日传递给 days 函数，计算后将日数传递回主函数输出。

（1）程序代码：

```
struct   y_m_d
{
int    year;
int    month;
int    day;
} date;
int days( struct y_m_d   date1 )
{
int sum;
switch ( date1. month )
{
case   1 : sum = date1. day;          break;
case   2 : sum = date1. day + 31 ;    break;
case   3 : sum = date1. day + 59 ;     break;
case   4 : sum = date1. day + 90 ;     break;
case   5 : sum = date1. day + 120 ;    break;
case   6 : sum = date1. day + 151 ;    break;
case   7 : sum = date1. day + 181 ;    break;
case   8 : sum = date1. day + 212 ;    break;
case   9 : sum = date1. day + 243 ;    break;
case   10 : sum = date1. day + 273 ;   break;
case   11 : sum = date1. day + 304 ;   break;
case   12 : sum = date1. day + 334 ;   break;
}
if( ( date1. year%4 ==0&&date1. year% 100!  =0 || date1. year%400 ==0 )&&date1month >=3)
```

```
sum + = 1 ;
return( sum ) ;
}
main( )
{
printf( " input year,month, day:" ) ;
scanf( "%d,%d,%d" ,&date. month. &date. day ) ;
printf( " \n" ) ;
printf( "%d/%d   is   the   %dth   day   in   %d" , date. month, date. day, days ( date ) ,
date. year) ;
}
```

（2）程序运行结果：

input　year,month,day:2002,10,1

10/1　is　the　274th　day　in　2000

2.7.4　程序设计实训内容与要求

（1）制作一个学生四门课的成绩单，并输出其平均成绩；

（2）制作三个学生四门课的成绩单链表，并输出每人的平均成绩。

小　　结

本章主要介绍 C 语言的各种数据类型，包括各种基本数据类型、复杂的构造类型、是否学会 C 语言的标志之一的指针及空类型。数据是程序处理的基本对象，而常量和变量则是程序中的基本数据。本章的另一重点就是对常量和变量的认识和使用。

习　　题

一、选择题

（1）以下所列的 C 语言常量中，错误的是（　　）

　　A. 0xFF　　　　　B. 1. 2e0. 5　　　　C. 2L　　　　　D. '\7'

（2）下列选项中，合法的 C 语言关键字是（　　）

　　A. VAR　　　　　B. cher　　　　　C. integer　　　　D. default

（3）在 C 语言中，合法的长整型常数是（　　）

　　A. 0L　　　　　　B. 4962710　　　　C. 324562&　　　D. 216D

（4）以下选项中合法的字符常量是（　　）

　　A. "B"　　　　　B. '\010'　　　　　C. 68　　　　　D. D

（5）有如下说明

int a[10] = {1,2,3,4,5,6,7,8,9,10} , *p = a;

则数值为 9 的表达式是（　　）

　　A. *P +9　　　　B. *(P +8)　　　　C. *P + =9　　D. P +8

（6）有如下定义

struct person{char name[9]; int age;};

strict person class[10] = {"Johu", 17,

"Paul", 19,

"Mary", 18,

"Adam",16};

根据上述定义，能输出字母 M 的语句是（　　）

    A. prinft("%c\n",class[3].mane);

    B. pfintf("%c\n",class[3].name[1]);

    C. prinft("%c\n",class[2].name[1]);

    D. printf("%c\n",class[2].name[0])。

（7）以下对结构体类型变量的定义中，不正确的是（　　）

    A. typedef struct aa

    B. #define AA struct aa

    { int n; AA {int n;

    float m; float m;

    }AA; }td1;

    AA td1;

    C. struct

    D. struct

    { int n; { int n;

    float m; float m;

    }aa; }td1;

    stuct aa td1;

（8）以下程序的输出是（　　）

A. 10　　　　　　B. 11　　　　　　C. 51　　　　　D. 60

```
struct st
{ int x; int *y;} *p;
int dt[4] = { 10,20,30,40 };
struct st aa[4] = { 50,&dt[0],60,&dt[0],60,&dt[0],60,&dt[0],};
main()
{ p = aa;
printf("%d\n", ++(p->x));
}
```

二、填空题

（1）以下程序的输出结果是_____。

```
main()
{ unsigned short a=65536; int b;
printf("%d\n",b=a);
}
```

（2）若有以下定义，则不移动指针 p，且通过指针 p 引用值为 98 的数组元素的表达式是_____。

int w[10] = {23,54,10,33,47,98,72,80,61}, *p=w;

（3）以下程序的输出结果是_____。

```
main( )
{ int arr[ ] = {30,25,20,15,10,5}, *p = arr;
p ++ ;
printf("%d\n",*(p+3));
}
```

(4) 以下程序用来输出结构体变量 ex 所占存储单元的字节数，请填空。

```
struct st
{ char name[20]; double score; };
main( )
{ struct st ex;
printf("ex size：%d\n",sizeof(_____));
}
```

3 运 算 符

C 语言中运算符和表达式数量之多，在高级语言中是少见的。正是丰富的运算符和表达式使 C 语言功能十分完善。这也是 C 语言成为最优秀的面向过程的程序设计语言的主要原因。

C 语言的运算符可分为以下几类：

（1）算术运算符。用于各类数值运算，包括加（ + ）、减（ – ）、乘（ * ）、除（/）、求余（或称模运算,%）、自增（ ++ ）、自减（ -- ）共七种。

（2）关系运算符。用于比较运算，包括大于（ > ）、小于（ < ）、等于（ == ）、大于等于（ >= ）、小于等于（ <= ）和不等于（ != ）六种。

（3）逻辑运算符。用于逻辑运算，包括与（&&）、或（‖）、非（!）三种。

（4）位操作运算符。参与运算的量，按二进制位进行运算。包括位与（&）、位或（ | ）、位非（ ~ ）、位异或（^）、左移（ << ）、右移（ >> ）六种。

（5）赋值运算符。用于赋值运算，分为简单赋值（ = ）、复合算术赋值(+= , –= , *= ,/= , %=)和复合位运算赋值(&= , |= , ^= , >>= , <<=)三类共十一种。

（6）条件运算符。这是一个三目运算符，用于条件求值（?:）。

（7）逗号运算符。用于把若干表达式组合成一个表达式（,）。

（8）求字节数运算符。用于计算数据类型所占的字节数（sizeof）。

3.1 算术运算符

表达式作为运算符的主要载体，它是常量、变量、运算符、函数调用的组合。每个表达式都有一个值和类型。表达式求值按运算符的优先级和结合律所规定的顺序进行。

C 语言中，运算符的运算优先级共分为15级。1级最高，15级最低。在表达式中，优先级较高的先于优先级较低的进行运算。而在一个运算量两侧的运算符优先级相同时，则按运算符的结合律所规定的结合方向处理。C 语言中各运算符的结合律分为两种，即左结合律（自左至右）和右结合律（自右至左）。例如算术运算符的结合律是自左至右，即先左后右。如有表达式 x – y + z，则 y 应先与“ – ”号结合，执行 x – y 运算，然后再执行 + z 的运算。这种自左至右的结合方向就称为“左结合律”。而自右至左的结合方向称为“右结合律”。最典型的右结合律运算符是赋值运算符。如 x = y = z，由于“ = ”的右结合律，应先执行 y = z 再执行 x = (y = z)运算。C 语言运算符中有不少为右结合律，应注意区别，以避免理解错误。

3.1.1 基本概念

算术运算符用于各类数值运算。包括双目运算符、单目运算符两大类，加（ + ）、减（ – ）、乘（ * ）、除（/）、求余（或称模运算,%）、自增（ ++ ）、自减（ -- ）共七种。它们是运算符中最简单的一类。

3.1.2 简单运算

具有两个运算对象的运算符，称作双目运算符。加（ + ）、减（ – ）、乘（ * ）、除（/）、求余（或称模运算,%）和数学上的运算相同。

加（＋）、减（－）、乘（＊）、除（／）的运算对象既可以是整型，也可以是实型，甚至是字符型。如：1＋2、5.1/3、'a'－32。而求余运算符的运算对象只能是整型，它的结果是两个整数相除的所得的余数。如：13/4、－5/2。

正（＋）、负（－）也可以作为单目运算符，作为数学运算中的正、负号处理，并且它们的优先级是最高的。

自增（＋＋）、自减（－－）也是单目运算符，他们和正（＋）、负（－）优先级相同，作用是将运算对象加一或者减一，他们针对的运算对象都是已经赋值的变量。

下面详细地说明一下每个运算符及其结合律：

（1）加法运算符"＋"。加法运算符为双目运算符，即应有两个量参与加法运算，如1＋2，'a'＋32等。具有左结合律。

（2）减法运算符"－"。减法运算符为双目运算符，如x－5等，具有左结合律。但"－"也可作负值运算符，此时为单目运算，如－1等，具有右结合律。

（3）乘法运算符"＊"。为双目运算，具有左结合律。

（4）除法运算符"／"。为双目运算，具有左结合律。参与运算量均为整型时，结果也为整型，舍去小数。如果运算量中有一个是实型，则结果为双精度实型。

双目运算具有左结合律。参与运算量均为整型时，结果也为整型，舍去小数。如果运算量中有一个是实型，则结果为双精度实型。例如：

printf(" \n\n%d,%d\n",20/7,－20/7);
printf("%f,%f\n",20.0/7,－20.0/7);

本例中，20/7，－20/7的结果均为整型，小数全部舍去。而20.0/7和－20.0/7由于有实数参与运算，因此结果也为实型。

（5）求余运算符（模运算符）"%"。为双目运算，具有左结合律。要求参与运算的量均为整型。求余运算的结果等于两数相除后的余数。

例3.1

```
void main( )
{
printf("%d\n",2007%4);
}
```

程序运行结果如下：

3

双目运算，具有左结合律。求余运算符%要求参与运算的量均为整型。

自增1运算符记为"＋＋"，其功能是使变量的值自增1。自减1运算符记为"－－"，其功能是使变量值自减1。自增1、自减1运算符均为单目运算，都具有右结合律。可有以下几种形式：

＋＋i　　　　i自增1后再参与其他运算。
－－i　　　　i自减1后再参与其他运算。
i＋＋　　　　i参与运算后，i的值再自增1。
i－－　　　　i参与运算后，i的值再自减1。

在理解和使用上容易出错的是 i++ 和 i-- 。特别是当它们出在较复杂的表达式或语句中时，常常难以弄清，因此应仔细分析。

例 3.2

```
void main( )
{
    int i = 8;
    printf("%d\n", ++i);
    printf("%d\n", --i);
    printf("%d\n",i++);
    printf("%d\n",i--);
    printf("%d\n", -i++);
    printf("%d\n", -i--);
}
```

程序运行结果如下：

9

8

8

9

-8

-9

例 3.3

```
void main( )
{
    int i = 5,j = 5,p,q;
    p = (i++) + (i++) + (i++);
    q = (++j) + (++j) + (++j);
    printf("%d,%d,%d,%d",p,q,i,j);
}
```

程序运行结果如下：

15, 24, 8, 8

这个程序中，对 P = (i++) + (i++) + (i++) 应理解为三个 i 相加，故 P 值为 15。然后 i 再自增 1，三次相当于加 3，故 i 的最后值为 8。而对于 q 的值则不然，q = (++j) + (++j) + (++j) 应理解为 q 先自增 1，再参与运算，由于 q 自增 1，三次后值为 8，三个 8 相加的和为 24，j 的最后值仍为 8。算术表达式是由常量、变量、函数和运算符组合起来的式子。一个表达式有一个值及其类型，它们等于计算表达式所得结果的值和类型。表达式求值按运算符的优先级和结合律规定的顺序进行。单个的常量、变量、函数可以看做是表达式的特例。

学完本节应掌握表 3-1 运算符的优先级和结合律。

表 3-1　运算符的优先级和结合律

运算符	结合律
正（＋）、负（－）、自增（＋＋）、自减（－－）	从右到左
乘（＊）、除（／）、求余（％）	从左到右
加（＋）、减（－）	从左到右

3.1.3　复合运算

当两个类型不同的变量组成一个表达式，这个表达式应该如何来进行运算呢？这种表达式在 C 语言中被称为混合表达式，它的运算涉及到了 C 语言中的类型转换。

C 语言中的类型转换有两种。隐式转换和显式转换。

隐式转换又称自动转换，是在双目运算符的运算中出现两个运算对象数据类型不同的时候，系统自动将两者转换成相同的数据类型才可以继续进行运算。比如说 a＋b，当 a 是 int 型而 b 是 long 型的时候，系统自动将 a 转换为 long 型再计算。

自动转换需要遵循的规则：

（1）若参与运算量的类型不同，则先转换成同一类型，然后进行运算。

（2）转换按数据长度增加的方向进行，以保证精度不降低。如 int 型和 long 型运算时，先把 int 量转成 long 型后再进行运算。

（3）所有的浮点运算都是以双精度进行的，即使仅含 float 单精度量运算的表达式，也要先转换成 double 型，再作运算。

（4）char 型和 short 型参与运算时，必须先转换成 int 型。

（5）在赋值运算中，赋值号两边量的数据类型不同时，赋值号右边量的类型将转换为左边量的类型。如果右边量的数据类型长度左边长时，将丢失一部分数据，这样会降低精度，丢失的部分按四舍五入向前舍入。

类型转换等级如图 3-1 所示。图 3-1 同时也表示了类型自动转换的规则。

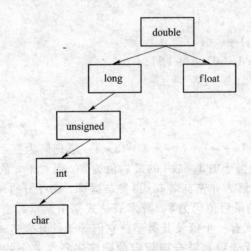

图 3-1　类型转换等级

显式转换又称强制类型转换。它可以把数据强制转换成你需要的数据类型。格式如下：

（类型说明符）（表达式）

例如：

（int）a

（float）（a＋b）

使用显式转换时要注意的是：

（1）类型说明符和表达式都必须加括号（单个变量可以不加括号），如把（int）（a＋b）写成（int）a＋b 则成了把 a 转换成 int 型之后再与 b 相加了。

（2）无论是强制转换或是自动转换，都只是改变表达式结果的数据类型，而不是运算对象的数据类型。如（int）a 中变量 a 的值和数据类型都不发生任何变化。

3.2 关系运算符与逻辑运算符

关系运算符与逻辑运算符在 C 语言中控制程序运行顺序上起到非常重要的作用。

关系运算符：

<	小于
<=	小于等于
>	大于
>=	大于等于
==	等于
!=	不等于

逻辑运算符：

&&	与运算
‖	或运算
!	非运算

如同其他的运算符一样，关系运算符和逻辑运算符也都有优先级和结合律，他们精确地决定了这些运算符最后的结果，其优先级和结合律如表 3-2 所示。

表 3-2 优先级和结合律

运 算 符	结 合 律
正（+）、负（-）、自增（++）、自减（--）、逻辑非（!）	从右到左
乘（*）、除（/）、求余（%）	从左到右
加（+）、减（-）	从左到右
小于（<）、小于等于（<=）、大于（>）、大于等于（>=）	从左到右
等于（==）、不等于（!=）	从左到右
逻辑与（&&）	从左到右
逻辑或（‖）	从左到右

3.2.1 关系运算符

关系运算符主要用于比较运算。包括大于（>）、小于（<）、等于（==）、大于等于（>=）、小于等于（<=）和不等于（!=）六种。其格式为：

表达式1 关系运算符 表达式2

例如：

1 > 2

a < = b + 2

关系运算表达式的结果只有两种结果：1（真）或者 0（假）。

例如：

1 > 2 为 0（假）

例 3. 4

```
main ( )
{
    char c = 'k';
    int i = 1, j = 2, k = 3;
    float x = 3e + 5, y = 0. 85;
    printf ( "% d,% d \ n", 'a' + 5 < c,  - i - 2 * j >= k + 1);
    printf ( "% d,% d \ n", 1 < j < 5, x - 5. 25 <= x + y);
    printf ( "% d,% d \ n", i.+ j + k == - 2 * j, k == j == i + 5);
}
```

程序运行结果如下：

1, 0

1, 1

0, 0

3. 2. 2　逻辑运算符

逻辑运算符用于逻辑运算。包括逻辑与（&&）、逻辑或（‖）、逻辑非（!）三种。逻辑运算的值和关系运算相同，也分为"真"和"假"两种，用"1"和"0"来表示。其求值规则如下：

（1）逻辑与运算（&&）。参与运算的两个量都为真时，结果才为真，否则为假。

例如：

1 < 2 && 3 > 2

由于 1 < 2 结果为 1，3 > 2 的结果也为 1，所以该逻辑与表达式的结果也为 1。

（2）逻辑或运算（‖）。参与运算的两个量只要有一个为真，结果就为真。两个量都为假时，结果为假。

例如：

1 > 0 ‖ 1 > 2

由于 1 > 0 的结果为 1，该逻辑或表达式的结果就为 1。

（3）逻辑非运算（!）。参与运算量为真时，结果为假；参与运算量为假时，结果为真。

例如：

! (1 > 0)

由于 1 > 0 的结果为 1，所以该逻辑非表达式的结果就为 0。

虽然 C 编译在给出逻辑运算值时，以"1"代表"真"，"0"代表"假"。但反过来在判断一个量是为"真"还是为"假"时，以"0"代表"假"，以非"0"的数值作为"真"。

例如：

由于 5 和 3 均为非 "0"，因此 5&&3 的值为 "真"，即为 1。

又如：

5‖0 的值为 "真"，即为 1。

逻辑与（&&）、逻辑或（‖）是双目运算符，其格式为：

表达式 1　逻辑运算符　表达式 2

而逻辑非（!）是单目运算符，其格式为：

逻辑运算符　表达式

例如：

1&&0

a‖(b+c)

! (c+a)

在这里，因为逻辑与（&&）、逻辑或（‖）的优先级非常低，所以优先级高于它的其他运算符时经常可以省略括号（），但逻辑非（!）的优先级非常高，它后面的表达式中括号（）就不能省略。

例如：

a‖(b+c)可以写为 a‖b+c

但! (c+a)就不能写成! c+a

例 3.5

```
main( )
{
    char c = 'k';
    int i = 1, j = 2, k = 3;
    float x = 3e + 5, y = 0.85;
    printf( "%d,%d\n",! x*! y,!!! x);
    printf( "%d,%d\n",x‖i&&j - 3,i < j&&x < y);
    printf( "%d,%d\n",i = = 5&&c&&(j = 8),x + y‖i + j + k);
}
```

程序运行结果如下：

0,0

1,0

0,1

例 3.5 中，! x 和! y 分别为 0，! x*! y 也为 0，故其输出值为 0。由于 x 为非 0，故!!! x 的逻辑值为 0。对于式 x‖i&&j - 3，先计算 j - 3 的值为非 0，再求 i&&j - 3 的逻辑值为 1，故 x‖i&&j - 3的逻辑值为 1。对于式 i < j&&x < y，由于 i < j 的值为 1，而 x < y 为 0，故表达式的值为 1, 0 相与，最后为 0，对于式 i = = 5&&c&&(j = 8)，由于 i = = 5 为假，即值为 0，该表达式由两个与运算组成，所以整个表达式的值为 0。对于式 x + y‖i + j + k，由于 x + y 的值为非 0，故整个或表达式的值为 1。

3.3　位运算符

C 语言提供了六种位运算符，包括位与（&）、位或（|）、位非（~）、位异或（^）、左

移（<<）、右移（>>）。同其他运算符一样，位运算符也具有优先级和结合律，见表3-3。

表 3-3　优先级和结合律

运　算　符	结　合　律
正（+）、负（-）、自增（++）、自减（—）、逻辑非（!）、按位求反（~）	从右到左
乘（*）、除（/）、求余（%）	从左到右
加（+）、减（-）	从左到右
左位移（<<）、右位移（>>）	从左到右
小于（<）、小于等于（<=）、大于（>）、大于等于（>=）	从左到右
等于（==）、不等于（!=）	从左到右
按位与（&）	从左到右
按位异或（^）	从左到右
按位或（|）	从左到右
逻辑与（&&）	从左到右
逻辑或（‖）	从左到右

3.3.1　位运算的概念

位运算与以前所学到的运算不同，以前所学的运算最小也是以字节为单位的，而位运算则是以位（bit）为单元来进行处理的。这就是 C 语言可以完成一些低级语言的功能，编写一些系统程序，这是其他高级语言所不具备的。

3.3.2　位运算符的使用

3.3.2.1　按位与运算符

按位与运算符（&）是双目运算符。其功能是参与运算的两数各对应的二进位相与。只有对应的两个二进位均为 1 时，结果位才为 1，否则为 0。参与运算的数以二进制形式参与运算。

例如：9&5 可写算式如下：

```
  00001001          （9 的二进制补码）
& 00000101          （5 的二进制补码）
  00000001          （1 的二进制补码）
```

可见 9&5 = 1。

按位与运算通常用来对某些位清 0 或保留某些位。例如把 a 的高八位清 0，保留低八位，可作 a&255 运算（255 的二进制数为 0000000011111111）。

例 3.6

```
main()
{
    int a = 9,b = 5,c;
    c = a&b;
    printf("%d& %d = %d\n",a,b,c);
}
```

程序运行结果如下：

9&5 = 1

3.3.2.2 按位或运算符

按位或运算符（｜）是双目运算符。其功能是参与运算的两数各对应的二进位相或。只要对应的两个二进位有一个为 1 时，结果位就为 1。参与运算的两个数均以补码出现。

例如：9｜5 可写算式如下：

```
  00001001
| 00000101
  00001101
```

可见 9｜5 = 13

例 3.7

```
main( )
{
    int a = 9,b = 5,c;
    c = a|b;
    printf("%d|%d = %d\n",a,b,c);
}
```

程序运行结果如下：

9｜5 = 13

3.3.2.3 按位异或运算符

按位异或运算符（^）是双目运算符。其功能是参与运算的两数各对应的二进位相异或，当两对应的二进位相异时，结果为 1。参与运算数仍以补码出现。

例如 9^5 可写成算式如下：

```
  00001001
^ 00000101
  00001100
```

可见 9^5 = 12

例 3.8

```
main( )
{
    int a = 9;
    a = a^5;
    printf("9^5 = %d\n",a);
}
```

程序运行结果如下：

9^5 = 12

3.3.2.4 求反运算符

求反运算符（~）为单目运算符，具有右结合性。其功能是对参与运算的数的各二进位按位求反。

例如

~9 的运算为：

~ （0000000000001001）

　　1111111111110110

3.3.2.5　左移运算符

左移运算符（<<）是双目运算符。其功能把（<<）左边的运算数的各二进位全部左移若干位，由"<<"右边的数指定移动的位数，高位丢弃，低位补 0。

例如：

a<<4

指把 a 的各二进位向左移动 4 位。

如 a = 00000011（十进制 3），左移 4 位后为 00110000（十进制 48）。

3.3.2.6　右移运算符

右移运算符（>>）是双目运算符。其功能是把（>>）左边的运算数的各二进位全部右移若干位，（>>）右边的数指定移动的位数。

例如：

设 a = 15，

a>>2

表示把 000001111 右移为 00000011（十进制 3）。

应该说明的是，对于有符号数，在右移时，符号位将随同移动。当为正数时，最高位补 0，而为负数时，符号位为 1，最高位是补 0 或是补 1 取决于编译系统的规定。Turbo C 和很多系统规定为补 1。

例 3.9

```
main()
{
    int a = - 8;
    unsigned b = 15;
    a = a>>2;
    b = b>>1;
    printf(" - 8 >>2 = % d\n15 >>1 = % d\n",a,b);
}
```

程序运行结果如下：

- 8 >>2 = - 2

15 >>1 = 7

3.4　其他运算符

3.4.1　赋值运算符

用于赋值运算，分为简单赋值（ = ）、复合算术赋值(+= , - = , * = ,/= ,%=)和复合位运算赋值(& = , l= ,ˆ= , >>= , <<=)三类，共十一种。

（1）简单赋值运算符其一般形式为：

变量 = 表达式

例如：

x = a + b

y = i + + + − − j

赋值表达式的功能是计算表达式的值再赋予左边的变量。赋值运算符具有右结合律。因此

a = b = c = 5

可理解为

a = (b = (c = 5))

（2）复合算术赋值运算符一般形式为：

变量 双目运算符 = 表达式

其等效为：

变量 = 双目运算符表达式

例如：

a += 1 等效为 a = a + 1

b* = 5 等效为 b = b + 1

3.4.2 条件运算符

在 C 语言中当遇到非常简单的条件语句的时候，经常可以使用条件运算符，不但使程序简洁，也提高了运行效率。

条件运算符（?:）是一个三目运算符，即有三个表达式作为运算对象。它的格式为：

表达式 1? 表达式 2: 表达式 3

他首先计算表达式 1 的值，其值为真则表达式 2 的值就是该条件表达式的值，反之为假则表达式 3 的值为该条件表达式的值。

例如：

2 > 1? (a = 2) : (a = 1)

2 > 1 的值为真，所以该条件表达式的值为 2。

例 3.10

```
main( )
{
    int a,b,max;
    a = 1;
    b = 5;
    printf("max = % d",a > b? a:b);
}
```

程序运行结果如下：

max = 5

3.4.3 逗号运算符

用于把若干表达式连接成一个表达式的运算符，称为逗号运算符（,）。其一般形式为：

表达式 1，表达式 2

　　其运算方法为分别求出两个表达式的值，并将逗号右面的表达式的值，即表达式 2 的值作为整个逗号表达式的值。

　　例 3. 11

```
main( )
{
    int a = 2,b = 4,c;
    c = ( a + 2,b*3);
    printf( "%d",c);
}
```

程序运行结果如下：

12

使用逗号表达式要注意的是：

（1）逗号表达式一般形式中的表达式 1 和表达式 2 也可以又是逗号表达式。

例如：

表达式 1，（表达式 2，表达式 3）

形成了嵌套情形，因此可以把逗号表达式扩展为以下形式：

表达式 1，表达式 2，…，表达式 n

整个逗号表达式的值等于表达式 n 的值。

（2）程序中使用逗号表达式，通常是要分别求逗号表达式内各表达式的值，并不一定要求整个逗号表达式的值。

　　并不是在所有出现逗号的地方都组成逗号表达式，如在变量说明中，函数参数表中逗号只是用作各变量之间的间隔符。

3. 4. 4　求字节数运算符

　　求字节数运算符（sizeof）是用于计算数据类型所占的字节数的运算符。用它我们可以快速方便的查出比较复杂的数据类型所占的空间。它的格式为：

sizeof（数据类型）

　　例 3. 12

```
struct student
{
    char name[10];
    int cj[4];
}st;
int main( void)
{
    int a;
    a = sizeof( st);
    printf( "%d",a);
}
```

程序运行结果如下：

18

本例中，先声明了一个结构体 student，同时声明该结构体类型的变量 st，最后通过 sizeof 运算符求出该结构体变量所占的字节数为 $18(10^*1+4^*2=18)$。

3.5　实训

3.5.1　实训目的

（1）掌握算术运算符的使用；

（2）掌握关系运算符的使用；

（3）掌握位运算符的使用；

（4）掌握各种运算符的综合使用。

3.5.2　实训理论基础

（1）算术运算符的概念和优先级；

（2）关系运算符的概念和优先级；

（3）位运算符的概念和优先级；

（4）其他运算符的概念和优先级。

3.5.3　程序调试实训内容与要求

程序：

任意从键盘输入一个三位整数，要求正确分离出它的个位、十位、百位数，分别在屏幕上输出。

（1）程序设计思想：

此类问题需明确如何计算出各个位的值，分离的方法就是利用 C 语言的整除和求余运算，采用顺序结构设计程序。

（2）程序代码：

```
main()
{
    int x,b0,b1,b2;
    printf("Please enter an interger x:");
    scanf("%d",&x);
    b2 = x/100;
    b1 = (x - b2*100)/10;
    b0 = x%10;
    printf("bit0 = %d,bit1 = %d,bit2 = %d\n",b0,b1,b2);
}
```

（3）程序分析解释：

1）程序中定义了四个整型变量 x、b0、b1、b2，其中 x 是要输入的三位整数，b0、b1、b2 分别存放分离出的个位数、十位数和百位数；

2）用整除方法 x/100 分离出百位数赋给 b2；用（x−b2*100)/10 分离出十位数赋给 b1；用求余方法 x%10 分离出个位数赋给 b0；

3）最后一条语句输出分离的结果。

（4）程序运行结果：

Please enter an interger x：345 ↙

Bit0 = 5，bit1 = 4，bit2 = 3

3.5.4　程序设计实训内容与要求

（1）输入三角形的边长，求三角形面积。

［提示：设三角形的三个边长分别为 a、b、c，利用公式：$s = 1/2(a + b + c)$，$area = sqrt(s(s - a)(s - b)(s - c))$，用到的 sqrt（）函数，需在主函数前加预处理命令#include < math. h >。］

（2）先计算以下表达式的值，再使用程序求出表达式的实际值：

已知 a = 4，b = 5，c = 6，d = 7

表达式	判断值	实际输出值
4 + 3 * 5 − 6		
(++a) + (++a) + (++a)		
(a ++) + (a ++) + (a ++)		
x = x + = x * = x = 6		
x = x − = x * = x = 6		
(a + 3) && (b + 4)		
a && (b + 4) && (c − 6) ‖ d		
a << 3 − 2		
a > b? c:d		

小　结

本章集中介绍 C 语言的各种运算符，包括：算术运算符、关系运算符和位运算符。使学生能掌握各种运算符的优先级和结合律，以及不同类型数据的隐式转换。

习　题

一、选择题

（1）以下变量 x、y、z 均为 double 类型且已正确赋值，不能正确表示数学式子 $\dfrac{x}{yz}$ 的 C 语言表达式是（　）

A. x/y*z 　　　　 B. x*(1/(y*z)) 　　　　 C. x/y*1/z 　　　　 D. x/y/z

（2）若 a 为 int 类型，且其值为 3，则执行完表达式 a += a −= a*a 后，a 的值是（　）

A. −3 　　　　 B.9 　　　　 C. −12 　　　　 D.6

（3）设 x、y、t 均为 int 型变量，则执行语句：x = y = 3；t = ++x ‖ ++y；后，y 的值为（　）

A. 不定值 　　　　 B.4 　　　　 C.3 　　　　 D.1

（4）假定 x 和 y 为 double 型，则表达式 x = 2，y = x + 3/2 的值是（　　）

    A. 3. 500000　　　B. 3　　　　　　　C. 2. 000000　　　　　D. 3. 000000

（5）以下合法的赋值语句是（　　）

    A. x = y = 100　　　B. d - - ;　　　　　　C. x + y;　　　　　　　D. c = int(a + b);

（6）设正 x、y 均为整型变量，且 x = 10、y = 3，则以下语句的输出结果是（　　）

    printf("% d,% d\n",x - - , - - y);

    A. 10, 3　　　　　B. 9, 3　　　　　　　C. 9, 2　　　　　　　　D. 10, 2

（7）设 a、b、c、d、m、n 均为 int 型变量，且 a = 5、b = 6、c = 7、d = 8、m = 2、n = 2，则逻辑表达式(m = a > b) && (n = c > d) 运算后，n 的值位为（　　）

    A. 0　　　　　　　B. 1　　　　　　　　C. 2　　　　　　　　　D. 3

（8）C 语言中运算对象必须是整型的运算符是（　　）

    A. % =　　　　　　B. /　　　　　　　　C. =　　　　　　　　　D. <=

（9）若已定义 x 和 y 为 double 类型，则表达式 x = 1，y = x + 3/2 的值是（　　）

    A. 1　　　　　　　B. 2　　　　　　　　C. 2. 0　　　　　　　　D. 2. 5

（10）若变量 a、i 已正确定义，且 i 已正确赋值，合法的语句是（　　）

    A. a == 1　　　　B. ++i;　　　　　　C. a = a ++ = 5;　　　D. a = int (i);

（11）若有以下程序段

int c1 = 1,c2 = 2,c3;

c3 = 1.0/c2 * c1;

则执行后，c3 中的值是（　　）

    A. 0　　　　　　　B. 0. 5　　　　　　　C. 1　　　　　　　　　D. 2

二、填空题

（1）以下程序的输出结果是＿＿＿＿。

```
main( )
{ int a = 1, b = 2;
a = a + b; b = a - b; a = a - b;
printf( "% d,% d\n", a, b);
}
```

（2）下列程序的输出结果是 16. 00，请填空。

```
main( )
{ int a = 9, b = 2;
float x = ＿＿＿, y = 1. 1, z;
z = a/2 + b * x/y + 1/2;
printf( "% 5. 2f\n", z);
}
```

（3）设 y 是 int 型变量，请写出判断 y 为奇数的关系表达式＿＿＿＿。

4 C 语言的输入与输出

在程序的运行过程中，往往需要由用户输入一些数据，而程序运算所得到的计算结果等又需要输出给用户，由此实现人与计算机之间的交互，所以在程序设计中，输入输出语句是一类必不可少的重要语句，在 C 语言中，没有专门的输入输出语句，所有的输入输出操作都是通过对标准 I/O 库函数的调用实现。

由于标准函数库中所用的变量定义和宏定义均在扩展名为 . h 的头文件中描述，因此在使用标准函数库时，必须用编译命令"include"将相应的头文件包括到用户程序中，例如：

#include ＜ stdio. h ＞

4.1 字符的输入与输出

我们通过字符输出函数 putchar 在标准输出设备上输出一个字符，通过 getchar 从标准输入设备上输入一个字符，下面我们分别介绍两个函数的用法。

4.1.1 输入的概念及实现的方法

我们将从计算机外部设备将数据送入计算机内部的操作称为"输入"，在这里我们通过 getch( )、getche( ) 和 getchar( ) 这三个函数来实现字符的输入。

4. 1. 1. 1 getch( ) 和 getche( ) 函数

这两个函数都是从键盘上读入一个字符。其调用格式为：

getch( )；

getche( )；

两者的区别是：getch( ) 函数不将读入的字符回显在显示屏幕上，而 getche( ) 函数却将读入的字符回显到显示屏幕上。

例 4.1

```
#include ＜ stdio. h ＞
main( )
  {
    char c，ch；
    c = getch( )；      /*从键盘上读入一个字符不回显送给字符变量 c*/
    putchar(c)；        /*输出该字符*/
    ch = getche( )；     /*从键盘上带回显的读入一个字符送给字符变量 ch*/
    putchar(ch)；
  }
```

应用回显和不回显的这个特点，这两个函数通常用在交互输入过程中实现暂停效果。

例 4.2

```
#include ＜ stdio. h ＞
```

```
main( )
  {
    char c, s[20];
    printf("Name:");
    gets(s);      /*输入一个字符串*/
    printf("Press any key to confinue...");
    getch( );   /*等待输入任一键*/
  }
```

程序运行结果为:

Name（输入任意字符，按回车显示下一行）

Press any key to confinue...

4.1.1.2 getchar( )函数

getchar( )函数也是从键盘上读入一个字符，并带回显。它与前面两个函数的区别在于：getchar( )函数等待输入直到按回车才结束，回车前的所有输入字符都会逐个显示在屏幕上。但只有第一个字符作为函数的返回值。

getchar( )函数的调用格式为：

getchar( )；

例4.3

```
#include < stdio. h >
main( )
  {
    char c;
    c = getchar( );       /*从键盘读入字符直到回车结束*/
    putchar(c);           /*显示输入的第一个字符*/
    getch( );             /*等待按任一键*/
  }
```

使用 getchar 函数还应注意几个问题：

（1）getchar 函数只能接受单个字符，输入数字也按字符处理。输入多于一个字符时，只接收第一个字符。

（2）使用本函数前必须包含文件"stdio. h"。

（3）在 Turbo C 屏幕下运行含本函数程序时，会退出 Turbo C 屏幕进入用户屏幕等待用户输入。输入完毕再返回 Turbo C 屏幕。

4.1.2 输出的概念及实现方法

我们将数据从计算机内部送到计算机外部设备上的操作称为"输出"，putchar( )函数是向标准输出设备输出一个字符，其调用格式为：

putchar(ch)；

其中 ch 为一个字符变量或常量。

例4.4

#include < stdio. h >

```
main( )
  {
    char c;              /*定义字符变量*/
    c = 'B';             /*给字符变量赋值*/
    putchar(c);          /*输出该字符*/
    putchar('\x42');     /*输出字母 B*/
    putchar(0x42);       /*直接用 ASCII 码值输出字母 B*/
  }
```

程序运行结果为：BBB

4.2　字符串的输入与输出

4.2.1　字符串的概念

字符串是 C 语言中最重要的数据结构之一，它是一个以空字符（‘\0’）结尾的字符数组。关于字符串的使用，我们知道将一个字符赋值给一个 char 类型的变量时，字符应该被放在一对单引号内。

例如，char plus_sign = ' + '; 如果写成 char plus_sign = " + "; 是非法的。

使用字符串常量的方法很多，其中最常用的是作为参数传递给函数。

printf("Hello,world!") ;

使用宏定义：

#define MSN "Hello,world!"

如果需要在字符串中加入双引号，必须在前面加上反斜杠'\', 如：

printf("\"You must tell me the truth\" ,said she. ") ;

4.2.2　字符串的输入和输出

4.2.2.1　字符串的输入

gets( )函数用来从标准输入设备（键盘）读取字符串直到回车结束，但回车符不属于这个字符串。其调用格式为：

gets(s) ;

其中 s 为字符串变量（字符串数组名或字符串指针）。

例 4.5

```
main( )
  {
    char s[20], f;
    printf("What's your name?  \n");
    gets(s);                     /*等待输入字符串直到回车结束*/
    puts(s);                     /*将输入的字符串输出*/
    puts("How old are you?");
    gets(f);
    puts(f);
  }
```

程序运行结果：

What's your name?

×××（输入任意字符，输入回车）

×××（显示输入内容）

How old are you?

×××（输入任意字符，输入回车）

×××（显示输入内容）

说明：

gets(s)函数中的变量 s 为一字符串。如果为单个字符，编译连接不会有错误，但运行后会出现"Null pointer asignmemt"的错误。

4.2.2.2 字符串的输出

puts( )函数用来向标准输出设备（屏幕）写字符串并换行，其调用格式为：

puts(s)；

其中 s 为字符串变量（字符串数组名或字符串指针）。

例4.6

```
main( )
  {
    char s[20],*f;                /*定义字符串数组和变量*/
    strcpy(s, "Hello! Turbo C2.0");    /*字符串数组变量赋值*/
    f = "Thank you";              /*字符串指针变量赋值*/
    puts(s);
    puts(f);
  }
```

说明：

（1） puts( )函数只能输出字符串，不能输出数值或进行格式变换。

（2） 可以将字符串直接写入 puts( )函数中。如：puts("Hello, Turbo C2.0")；。

4.3 数值的输入与输出

putchar( )函数和 getchar( )函数只能输出和输入一个字符，若要同时输入多种数据类型的数据，则可以使用格式输入输出函数。这种函数不但能输入输出各种类型的数据，而且还可以控制数据输入输出时每个数据的输入输出格式。格式化输入输出函数标准库提供了两个控制台格式化输入、输出函数 printf( )和 scanf( )，这两个函数可以在标准输入输出设备上以各种不同的格式读写数据。下面详细介绍这两个函数的用法。

4.3.1 数值的输入方法

C 语言的数值输入也是由函数语句完成的。scanf 函数称为格式输入函数，即按用户指定的格式从键盘上把数据输入到指定的变量之中。

4.3.1.1 scanf 函数的一般形式

scanf 函数是一个标准库函数，它的函数原型在头文件"stdio. h"中，与 printf 函数相同，C 语言也允许在使用 scanf 函数之前不必包含 stdio. h 文件。

scanf 函数的一般形式为：scanf("格式控制字符串"，地址列表)。

其中，格式控制字符串的作用与 printf 函数相同，但不能显示非格式字符串，也就是不能显示提示字符串。地址列表中给出各变量的地址。地址是由地址运算符 "&" 后跟变量名组成的。

例如，&a、&b 分别表示变量 a 和变量 b 的地址。这个地址就是编译系统在内存中给 a、b 变量分配的地址。在 C 语言中，使用了地址这个概念，这是与其他语言不同的。应该把变量的值和变量的地址这两个不同的概念区别开来。变量的地址是 C 编译系统分配的，用户不必关心具体的地址是多少。变量的地址和变量值的关系如下：a = 567，其中 a 为变量名，567 是变量的值，&a 是变量 a 的地址。在赋值表达式中给变量赋值，如：a = 567 在赋值号左边是变量名，不能写地址，而 scanf 函数在本质上也是给变量赋值，但要求写变量的地址，如 &a。这两者在形式上是不同的。& 是一个取地址运算符，&a 是一个表达式，其功能是求变量的地址。

```
void main( )
{
    int a,b,c;
    printf("input a,b,c\n");
    scanf("%d%d%d",&a,&b,&c);
    printf("a=%d,b=%d,c=%d",a,b,c);
}
```

注意：编写的过程中要注意 & 的用法。

在本例中，由于 scanf 函数本身不能显示提示串，故先用 printf 语句在屏幕上输出提示，请用户输入 a、b、c 的值。执行 scanf 语句，则退出程序屏幕进入用户屏幕等待用户输入。用户输入 7、8、9 后按下回车键，此时，系统又将返回程序屏幕。在 scanf 语句的格式串中由于没有非格式字符在 "%d%d%d" 之间作输入时的间隔，因此在输入时要用一个以上的空格或回车键作为每两个输入数之间的间隔。

程序运行结果

input a，b，c

7 8 9 或 7

　　　　8

　　　　9

a = 7，b = 8，c = 9

4.3.1.2 格式字符串

格式字符串的一般形式为：［＊］［输入数据宽度］［长度］类型，其中有方括号 ［ ］ 的项为任选项。各项的意义如下：

（1）类型。表示输入数据的类型，其格式符和意义如表 4-1 所示。

表 4-1

格　式	字符意义
d	输入十进制整数
o	输入八进制整数
x	输入十六进制整数
u	输入无符号十进制整数
f 或 e	输入实型数（用小数形式或指数形式）
c	输入单个字符
s	输入字符串

（2）"＊"符。用以表示该输入项读入后不赋予相应的变量，即跳过该输入值。scanf("％d％＊d％d",&a,&b)；当输入为：1 2 3 时，把 1 赋予 a，2 被跳过，3 赋予 b。

（3）宽度。用十进制整数指定输入的宽度（即字符数）。例如：scanf("％5d",&a)；

输入：

12345678

只把 12345 赋予变量 a，其余部分被截去。又如：scanf("％4d％4d"，&a，&b)；

输入：

12345678 将把 1234 赋予 a，而把 5678 赋予 b。

（4）长度。长度格式符为 l 和 h，l 表示输入长整型数据（如％ld）和双精度浮点数（如％lf）。h 表示输入短整型数据。

使用 scanf 函数还必须注意以下几点：

（1）scanf 函数中没有精度控制，如：scanf("％5.2f"，&a)；是非法的。不能企图用此语句输入小数为 2 位的实数。

（2）scanf 中要求给出变量地址，如给出变量名则会出错。如 scanf("％d",a)；是非法的，应改为 scanf("％d",&a)；才是合法的。

（3）在输入多个数值数据时，若格式控制串中没有非格式字符作输入数据之间的间隔，则可用空格、TAB 或回车作间隔。C 编译在碰到空格、TAB、回车或非法数据（如对"％d"输入"12A"时，A 即为非法数据）时即认为该数据结束。

（4）在输入字符数据时，若格式控制串中无非格式字符，则认为所有输入的字符均为有效字符。例如：

scanf("％c％c％c"，&a,&b,&c)；

输入为：

d e f

则把 'd' 赋予 a，' ' 赋予 b，'e' 赋予 c。只有当输入为 def 时，才能把 'd' 赋予 a，'e' 赋予 b，'f' 赋予 c。如果在格式控制中加入空格作为间隔，如 scanf("％c ％c ％c",&a,&b,&c)；则输入时各数据之间可加空格。

```
void main( )
{
    char a,b;
    printf("input character a,b\n");
    scanf("％c％c",&a,&b);
    printf("％c％c\n",a,b);
}
```

由于 scanf 函数"％c％c"中没有空格，输入 M N，结果输出只有 M。而输入改为 MN 时则可输出 MN 两字符。

程序运行结果：

input character a,b

MN

MN

void main( )

```
{
    char a,b;
    printf("input character a,b\n");
    scanf("%c %c",&a,&b);
    printf("\n%c%c\n",a,b);
}
```

本例表示 scanf 格式控制串"%c %c"之间有空格时，输入的数据之间可以有空格间隔。

（5）如果格式控制串中有非格式字符，则输入时也要输入该非格式字符。

例如：scanf("%d,%d,%d",&a,&b,&c);

其中用非格式符"，"作间隔符，故输入时应为：5，6，7

又如：scanf("a=%d,b=%d,c=%d",&a,&b,&c);

则输入应为

a=5，b=6，c=7

如输入的数据与输出的类型不一致时，虽然编译能够通过，但结果将不正确。

```
void main()
{
    int a;
    printf("input a number\n");
    scanf("%d",&a);
    printf("%ld",a);
}
```

由于输入数据类型为整型，而输出语句的格式串中说明为长整型，因此输出结果和输入数据不符。如改动程序如下：

```
void main()
{
    long a;
    printf("input a long integer\n");
    scanf("%ld",&a);
    printf("%ld",a);
}
```

运行结果为：

input a long integer

1234567890

1234567890

当输入数据改为长整型后，输入输出数据相等。

4.3.2　数值的输出方法

printf()函数的作用：向计算机系统默认的输出设备（一般指显示器）输出一个或多个任意类型的数据。

printf 函数的调用格式：printf（"格式控制"，输出表列）

例如：printf("%d,%d\n",a,b);

4.3.2.1 格式控制

格式字符串的一般形式为：

[标志][输出最小宽度][. 精度][长度]类型 其中方括号[ ]中的项为可选项。各项的意义介绍如下：

（1）类型。类型字符用以表示输出数据的类型，其格式符和意义如表4-2所示。

表 4-2

表示输出类型的格式字符	格式字符意义
d	以十进制形式输出带符号整数（正数不输出符号）
o	以八进制形式输出无符号整数（不输出前缀0）
x	以十六进制形式输出无符号整数（不输出前缀0x）
u	以十进制形式输出无符号整数
f	以小数形式输出单、双精度实数
e	以指数形式输出单、双精度实数
g	以%f%e中较短的输出宽度输出单、双精度实数
c	输出单个字符
s	输出字符串

（2）标志。标志字符为 –、+、#、0 四种，其意义如表4-3所示。

表 4-3

标志格式字符	标志意义
–	结果左对齐，右边填空格
+	输出符号（正号或负号）空格输出值为正时冠以空格，为负时冠以负号
#	对 c，s，d，u 类无影响，对 o 类，在输出时加前
前缀 0	对 x 类，在输出时加前缀 0x；对 e，g，f 类当结果有小数时才给出小数点

（3）输出最小宽度。用十进制整数来表示输出的最少位数。若实际位数多于定义的宽度，则按实际位数输出，若实际位数少于定义的宽度则补以空格或0。

（4）精度。精度格式符以 "." 开头，后跟十进制整数。本项的意义是：如果输出数字，则表示小数的位数；如果输出的是字符，则表示输出字符的个数；若实际位数大于所定义的精度数，则截去超过的部分。

（5）长度。长度格式符为 h，l 两种，h 表示按短整型量输出，l 表示按长整型量输出。

例4.7 运行下面程序，写出程序运行结果。

```
#include <stdio.h>
main()
{
    int a = 5, b = 7;
    float x = 12.3456, y = -789.124;
    char c = 'A';
```

```
        long n = 1234567;
        unsigned u = 5535;
        printf("%d%%d\",a,b);
        printf("%3d%3d\n",a,b);
        printf("%f,%f\n",x,y);
        printf("% -10f,% -10f\n",x,y);
        printf("%8.2f,%8.2f,%4f,%4f,%.3f,%.3f\n",x,y,x,y,x,y,x,y);
        printf("%e,%10.2e\n",x,y);
        printf("%c,%d,%o,%x\n",c,c,c,c);
        printf("%ld,%lo,%x\n",n,n,n);
        printf("%s,%5.3s","ABCDEFG","ABCDEFG");
}
```

运行结果：

5%d

　　5　　　7

12.345600, -789.124000

12.345600, -789.124000

　　12.35, -78912, 12.345600, -789.124000, 12.346, -789.124

1.234560e +001, -7.89e +002

A, 65, 101, 41

1234567, 4553207, d687

65535, 177777, fffff, -1

ABCDEFG, ABC

说明：

（1） printf 函数中的"格式控制"字符串中的每一个格式说明符，都必须与"输出表"中的某一个变量相对应，而且格式说明符应当与所对应变量的类型一致。

若要显示"%"字符，则应在"格式控制"字符串中连写两个"%"，如：

Printf("x = %d%%",100/4);

将显示：x =25%.

（2） 对格式说明符 c、d、s 和 f 等，可以制定输出字段的宽度。

1)%md：m 为指定的输出字段的宽度。如果数据的位数大于 m. 则按实际位数输出，否则输出时间向右对齐，左端补以"空格"符。

2)%mc：m 为指定的输出字段的宽度。若 m 大于一个字符的宽度，则输出时间右对齐，左端补以"空格"符。

3)%ms：m 为输出时字符串所占的列数。如果字符串的长度大于 m，则按字符串的本身长度输出，否则，输出时字符串向右对齐，左端补以"空格"串。

4)% -ms：m 的意义同上。如果字符串的长度小于 m，则输出时向左对齐，右端补以"空格"符。

5)%m.nf：m 为浮点型数据所占的总列数（包括小数点），n 为小数点后面的位数。如果数据的长度小于 m，则输出时向右对齐，左端补以"空格"符。

6)％ - m. nf：m、n 的意义同上。如果数据的长度小于 m，则输出时左对齐，右端补以"空格"符。

4.4　文件的输入与输出

键盘、显示器、打印机、磁盘驱动器等逻辑设备，其输入输出都可以通过文件管理的方法来完成。而在编程时使用最多的要算是磁盘文件，因此本节主要以磁盘文件为主，详细介绍 C 语言中所提供的文件操作函数，当然这些对文件的操作函数也适合于非磁盘文件的情况。

4.4.1　文件的概念

所谓"文件"是指一组相关数据的有序集合。这个数据集有一个名称，叫做文件名。实际上在前面的各章中我们已经多次使用了文件，例如源程序文件、目标文件、可执行文件、库文件（头文件）等。文件通常是驻留在外部介质（如磁盘等）上的，在使用时才调入内存中。从不同的角度可对文件作不同的分类。从用户的角度看，文件可分为普通文件和设备文件两种。

普通文件是指驻留在磁盘或其他外部介质上的一个有序数据集，可以是源文件、目标文件、可执行程序；也可以是一组待输入处理的原始数据，或者是一组输出的结果。对于源文件、目标文件、可执行程序可以称作程序文件，对输入输出数据可称作数据文件。

设备文件是指与主机相连的各种外部设备，如显示器、打印机、键盘等。在操作系统中，把外部设备也看作是一个文件来进行管理，把它们的输入、输出等同于对磁盘文件的读和写。通常把显示器定义为标准输出文件，一般情况下在屏幕上显示有关信息就是向标准输出文件输出。如前面经常使用的 printf，putchar 函数就是这类输出。键盘通常被指定标准的输入文件，从键盘上输入就意味着从标准输入文件上输入数据。Scanf，getchar 函数就属于这类输入。

从文件编码的方式来看，文件可分为 ASCII 码文件和二进制码文件两种。

ASCII 文件也称为文本文件，这种文件在磁盘中存放时每个字符对应一个字节，用于存放对应的 ASCII 码。例如，数 5678 的存储形式为：

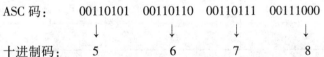

ASC 码：　　　00110101　00110110　00110111　00111000

十进制码：　　　　5　　　　　6　　　　　7　　　　　8

共占用 4 个字节。ASCII 码文件可在屏幕上按字符显示，例如源程序文件就是 ASCII 文件，用 DOS 命令 TYPE 可显示文件的内容。由于是按字符显示，因此能读懂文件内容。

二进制文件是按二进制的编码方式来存放文件的。例如，数 5678 的存储形式为：00010110 00101110 只占两个字节。二进制文件虽然也可在屏幕上显示，但其内容无法读懂。C 系统在处理这些文件时，并不区分类型，都看成是字符流，按字节进行处理。输入输出字符流的开始和结束只由程序控制而不受物理符号（如回车符）的控制。因此也把这种文件称作"流式文件"。

本节讨论流式文件的打开、关闭、读、写等各种操作。文件指针在 C 语言中用一个指针变量指向一个文件，这个指针称为文件指针。通过文件指针就可对它所指的文件进行各种操作。定义说明文件指针的一般形式为：FILE ＊指针变量标识符；其中 FILE 应为大写，它实际上是由系统定义的一个结构，该结构中含有文件名、文件状态和文件当前位置等信息。在编写源程序时不必关心 FILE 结构的细节。例如：FILE ＊fp；表示 fp 是指向 FILE 结构的指针变量，通过 fp 即可找存放某个文件信息的结构变量，然后按结构变量提供的信息找到该文件，实施对文件的操作。习惯上也笼统地把 fp 称为指向一个文件的指针。文件的打开与关闭文件在进行读写操作之前要先打开，使用完毕要关闭。所谓打开文件，实际上是建立文件的各种有关信息，并使文件指针指向该文件，以便进行其他操作。关闭文件则断开指针与文件之间的联系，也就禁止再对该文件进行操作。

在 C 语言中，文件操作都是由库函数来完成的。在本节内将介绍主要的文件操作函数。

4.4.2　文件的打开与关闭

和其他高级语言一样，文件在进行读写操作之前要先打开，使用完毕要关闭。所谓打开文件，实际上是建立文件的各种有关信息，并使文件指针指向该文件，以便进行其他操作。关闭文件则断开指针与文件之间的联系，也就禁止再对该文件进行操作。

4.4.2.1　文件的打开（fopen 函数）

ANSI C 规定了标准输入输出函数库，用 fopen( ) 函数来打开文件。fopen 函数的调用方式通常为：

FILE ＊fp；

fp = fopen （文件名，使用文件方式）；

例如　fp = fopen(" A1" ,"r")

要打开名字为 A1 的文件，使用文件方式为"读入"，fopen 函数带回指向 A1 文件的指针并赋给 fp，这样 fp 就和 A1 相联系了，或者说，fp 指向 A1 文件，可以看出，在打开一个文件时，通知给编译系统以下三个信息：

（1）需要打开的文件名，也就是准备访问的文件名。

（2）使用文件的方式（读还是写等）。

（3）让哪一个指针变量指向被打开的文件。

使用文件方式见下表：

r	rb	r +	rb +
w	wb	w +	wb +
a	ab	a +	ab +

说明：

（1）用"r"方式打开的文件只能用于向计算机输入而不能用作向该文件输出数据，而且该文件应该已经存在，不能打开一个并不存在的用于"r"方式的文件（即输入文件），否则出错。

（2）用"w"方式打开的文件只能用于向该文件写数据，而不能用来向计算机输入。如果原来不存在该文件，则在打开时新建立一个以指定名字命名的文件。如果原来已存在一个以该文件名命名的文件，则在打开时将该文件删去，然后重新建立一个新文件。

（3）如果希望向文件末尾添加新的数据（不希望删除原有数据），则应该用"a"方式打开。但此时该文件必须已存在，否则将得到出错信息。打开时，位置指针移到文件末尾。

（4）用"r +"、"w +"、"a +"方式打开的文件可以用来输入和输出数据。用"r +"方式时该文件应该已经存在，以便能向计算机输入数据。用"w +"方式则新建立一个文件，先向此文件写数据，然后可以读此文件中的数据。用"a +"方式打开的文件，原来的文件不被删去。

（5）如果不能实现"打开"的任务，fopen 函数将会带回一个出错信息。出错的原因可能是用"r"方式打开一个并不存在的文件；磁盘出故障；磁盘已满无法建立新文件等。此时fopen 函数将带回一个空指针值 Null（Null 在 stdio. h 文件中已被定义为0）

常用下面的方法打开一个文件：

```
if((fp = fopen("file 1","r")) == Null)
    {
    printf("cannot open this file\n");
    exit(0);
    }
```

即先检查打开是否出错，如果有错就在终端上输出"can not open this file"。exit 函数的作用是关闭所有文件，终止正调用的过程。待程序员检查出错误，修改后再运行。

（6）用以上方式可以打开文本文件或二进制文件，这是 ANSI C 的规定，用同一种缓冲文件系统来处理文本文件和二进制文件。但目前使用的有些 C 编译系统可能不完全提供所有这些功能（例如有的只能用"r"．"w"．"a"方式），有的 C 版本不用"r +"、"w +"、"a +"而用"rw"、"wr"、"ar"等，请读者注意所用系统的规定。

（7）在用文本文件向计算机输入时，将回车换行符转换为一个换行符，在输出时把换行符转换成为回车和换行两个字符。在用二进制文件时，不进行这种转换，在内存中的数据形式与输出到外部文件中的数据形式完全一致，一一对应。

（8）在程序开始运行时，系统自动打开三个标准文件：标准输入、标准输出、标准出错输出。通常这三个文件都与终端相联系。因此以前我们所用到的从终端输入或输出，都不需要打开终端文件。系统自动定义了三个文件指针 stdin、stdout 和 stderr，分别指向终端输入、输出、出错输出（也从终端输出）。如果程序中指定要从 stdin 所指的文件输入数据，就是指从终端键盘输入数据。

4.4.2.2　文件的关闭（fclose 函数）

在使用完一个文件后应该关闭它，以防止它再被误用。"关闭"，就是使文件指针变量不指向该文件，也就是文件指针变量与文件"脱钩"，此后不能再通过该指针对其相连的文件进行读写操作，除非再次打开，使该指针变量重新指向该文件。

fclose( )函数用来关闭一个由 fopen( )函数打开的文件，其调用格式为：

int fclose(FILE *stream);

该函数返回一个整型数。当文件关闭成功时，返回 0，否则返回一个非零值。可以根据函数的返回值判断文件是否关闭成功。

例 4.8

```
#include < stdio. h >
main( )
    {    FILE *fp;                        /*定义一个文件指针*/
    int i;
    fp = fopen("CLIB", "rb");            /*打开当前目录名为 CLIB 的文件只读*/
    if(fp == NULL)                       /*判断文件是否打开成功*/
        puts("File open error");         /*提示打开不成功*/
    i = fclose(fp);                      /*关闭打开的文件*/
```

```
      if(i ==0)                           /*判断文件是否关闭成功*/
         printf("O. K");                  /*提示关闭成功*/
      else
         puts("File close error");        /*提示关闭不成功*/
    }
```

4.4.3　读文件

4.4.3.1　文件的顺序读操作函数

在 C 语言中提供了多种文件顺序读操作函数，主要有字符读函数 fgetc 和字符串读函数 fgets，下面我们分别介绍。

（1）fgetc 函数的功能是从指定的文件中读一个字符，函数调用的形式为：字符变量 = fgetc（文件指针）；例如：ch = fgetc(fp)；其意义是从打开的文件 fp 中读取一个字符并送入 ch 中。

对于 fgetc 函数的使用有以下几点说明：

1）在 fgetc 函数调用中，读取的文件必须是以读或读写方式打开的。

2）读取字符的结果也可以不向字符变量赋值，例如：fgetc(fp)；但是读出的字符不能保存。

3）在文件内部有一个位置指针。用来指向文件的当前读写字节。在文件打开时，该指针总是指向文件的第一个字节。使用 fgetc 函数后，该位置指针将向后移动一个字节。因此可连续多次使用 fgetc 函数，读取多个字符。应注意文件指针和文件内部的位置指针不是一回事。文件指针是指向整个文件的，须在程序中定义说明，只要不重新赋值，文件指针的值是不变的。文件内部的位置指针用以指示文件内部的当前读写位置，每读写一次，该指针均向后移动，它不需在程序中定义说明，而是由系统自动设置的。

例 4.9　读入文件 e10_1. c，在屏幕上输出。

```
#include < stdio. h >
main()
{
  FILE *fp;
  char ch;
  if((fp = fopen("e10_1. c","rt")) == Null)
    {
      printf("Cannot open file strike any key exit!");
      getch();
      exit(1);
    }
  ch = fgetc(fp);
  while (ch! = EOF)
    {
      putchar(ch);
      ch = fgetc(fp);
```

```
    }
    fclose(fp);
}
```

本例程序的功能是从文件中逐个读取字符，在屏幕上显示。程序定义了文件指针 fp，以读文本文件方式打开文件"e10_1.c"，并使 fp 指向该文件。如打开文件出错，给出提示并退出程序。程序第 12 行先读出一个字符，然后进入循环，要读出的字符不是文件结束标志（每个文件末有一结束标志 EOF）就把该字符显示在屏幕上，再读入下一字符。每读一次，文件内部的位置指针向后移动一个字符，文件结束时，该指针指向 EOF。执行本程序将显示整个文件。

（2）读字符串函数 fgets 函数的功能是从指定的文件中读一个字符串到字符数组中，函数调用的形式为：fgets（字符数组名，n，文件指针）；其中的 n 是一个正整数。表示从文件中读出的字符串不超过 n－1 个字符。在读入的最后一个字符后加上串结束标志'\0'。例如：fgets（str,n,fp）；的意义是从 fp 所指的文件中读出 n－1 个字符送入字符数组 str 中。

例 4.10 从 e10_1.c 文件中读入一个含 10 个字符的字符串。

```
#include < stdio. h >
main( )
{
    FILE * fp;
    char str[11];
    if( ( fp = fopen( "e10_1. c" ,"rt" ) ) == NULL)
    {
        printf( "Cannot open file strike any key exit!" );
        getch( );
        exit(1);
    }
    fgets(str,11,fp);
    printf( "%s",str);
    fclose(fp);
}
```

本例定义了一个字符数组 str，共 11 个字节，在以读文本文件方式打开文件 e10_1.c 后，从中读出 10 个字符送入 str 数组，在数组最后一个单元内将加上'\0'，然后在屏幕上显示输出 str 数组。输出的十个字符正是例 4.9 程序的前十个字符。

对 fgets 函数有两点说明：

1）在读出 n－1 个字符之前，如遇到了换行符或 EOF，则读出结束。

2）fgets 函数也有返回值，其返回值是字符数组的首地址。

4.4.3.2 文件的随机读

有时用户想直接读取文件中间某处的信息，若用文件的顺序读写必须从文件头开始直到要求的文件位置再读，这显然不方便。Turbo C2.0 提供了一组文件的随机读写函数，即可以将文件位置指针定位在所要求读写的地方直接读写。

文件的随机读写函数如下：

```
int fseek (FILE * stream, long offset, int fromwhere);
int fread(void * buf, int size, int count, FILE * stream);
int fwrite(void * buf, int size, int count, FILE * stream);
long ftell(FILE * stream);
```

fseek( )函数的作用是将文件的位置指针设置到从 fromwhere 开始的第 offset 字节的位置上，其中 fromwhere 是下列几个宏定义之一：

文件位置指针起始计算位置 fromwhere

符号常数	数　值	含　义
SEEK_SET	0	从文件开头
SEEK_CUR	1	从文件指针的现行位置
SEEK_END	2	从文件末尾

offset 是指文件位置指针从指定开始位置（fromwhere 指出的位置）跳过的字节数。它是一个长整型量，以支持大于 64K 字节的文件。fseek( )函数一般用于对二进制文件进行操作。

当 fseek( )函数返回 0 时表明操作成功，返回非 0 表示失败。

下面程序从二进制文件 test_b. dat 中读取第 8 个字节。

例 4.11

```
#include < stdio. h >
main( )
{   FILE * fp;
    if((fp = fopen("test_b. dat", "rb")) == NULL)
      {
          printf("Can't open file");
          exit(1);
        }
        fseek(fp, 8, 1, SEEK_SET);
        fgetc(fp);
        fclose(fp);
    }
```

fread( )函数是从文件中读 count 个字段，每个字段长度为 size 个字节，并把它们存放到 buf 指针所指的缓冲器中。

fwrite( )函数是把 buf 指针所指的缓冲器中，长度为 size 个字节的 count 个字段写到 stream 指向的文件中去。

随着读和写字节数的增大，文件位置指示器也增大，读多少个字节，文件位置指示器相应也跳过多少个字节。读写完毕函数返回所读和所写的字段个数。

ftell( )函数返回文件位置指示器的当前值，这个值是指示器从文件头开始算起的字节数，返回的数为长整型数，当返回 −1 时，表明出现错误。

下面程序把一个浮点数组以二进制方式写入文件 test_b. dat 中。

例 4.12

```
#include <stdio.h>
main()
{   float f[6] = {3.2, -4.34, 25.04, 0.1, 50.56, 80.5};
                    /*定义浮点数组并初始化*/
    int i;
    FILE *fp;
    fp = fopen("test_b.dat", "wb");  /*创建一个二进制文件只写*/
    fwrite(f, sizeof(float), 6, fp); /*将6个浮点数写入文件中*/
    fclose(fp);                      /*关闭文件*/
}
```

下面例子从 test_b.dat 文件中读 100 个整型数，并把它们放到 dat 数组中。

例 4.13

```
#include <stdio.h>
main()
{   FILE *fp;
    int dat[100];
    fp = fopen("test_b.dat", "rb");             /*打开一个二进制文件只读*/
    if(fread(dat, sizeof(int), 100, fp) != 100)  /*判断是否读了100个数*/
    {
        if(feof(fp))
            printf("End of file");   /*不到100个数文件结束*/
        else
            printf("Read error");    /*读数错误*/
    fclose(fp);                      /*关闭文件*/
}
```

注意：

当用标准文件函数对文件进行读写操作时，首先将所读写的内容放进缓冲区，即写函数只对输出缓冲区进行操作，读函数只对输入缓冲区进行操作。例如向一个文件写入内容，所写的内容将首先放在输出缓冲区中，直到输出缓冲区存满或使用 fclose() 函数关闭文件时，缓冲区的内容才会写入文件中。若无 fclose() 函数，则不会向文件中存入所写的内容或写入的文件内容不全。有一个对缓冲区进行刷新的函数，即 fflush()，其调用格式为：

int fflush(FILE *stream);

该函数将输出缓冲区的内容实际写入文件中，而将输入缓冲区的内容清除掉。

4.4.4　写文件

4.4.4.1　写字符函数 fputc

fputc 函数的功能是把一个字符写入指定的文件中，函数调用的形式为：fputc（字符量，文件指针）；其中，待写入的字符量可以是字符常量或变量，例如：fputc('a',fp)；其意义是把字符 a 写入 fp 所指向的文件中。

对于 fputc 函数的使用也要说明几点：

（1）被写入的文件可以用、写、读写，追加方式打开，用写或读写方式打开一个已存在的文件时将清除原有的文件内容，写入字符从文件首开始。如需保留原有文件内容，希望写入的字符以文件末开始存放，必须以追加方式打开文件。被写入的文件若不存在，则创建该文件。

（2）每写入一个字符，文件内部位置指针向后移动一个字节。

（3）fputc 函数有一个返回值，如写入成功则返回写入的字符，否则返回一个 EOF。可用此来判断写入是否成功。

例 4.14 从键盘输入一行字符，写入一个文件，再把该文件内容读出显示在屏幕上。

```
#include < stdio. h >
main( )
{
  FILE *fp;
  char ch;
  if( ( fp = fopen( "string" ,"wt + " ) ) = NULL)
    {
    printf( "Cannot open file strike any key exit!" );
    getch( );
    exit(1);
    }
printf( "input a string:\n" );
ch = getchar( );
while ( ch != '\n')
  {
  fputc( ch ,fp) ;
  ch = getchar( );
}
  rewind( fp );
  ch = fgetc( fp );
  while( ch != EOF)
    {
      putchar( ch) ;
      ch = fgetc( fp);
    }
printf( " \n" );
fclose( fp) ;
}
```

程序中第 6 行以读写文本文件方式打开文件 string。程序第 13 行从键盘读入一个字符后进入循环，当读入字符不为回车符时，则把该字符写入文件之中，然后继续从键盘读入下一字符。每输入一个字符，文件内部位置指针向后移动一个字节。写入完毕，该指针已指向文件末。如要把文件从头读出，需把指针移向文件头，程序第 19 行 rewind 函数用于把 fp 所指文件的内部位置指针移到文件头。第 20 ~ 25 行用于读出文件中的一行内容。

例 4.15 把命令行参数中的前一个文件名标识的文件，复制到后一个文件名标识的文件中，如命令行中只有一个文件名则把该文件写到标准输出文件（显示器）中。

```
#include < stdio. h >
main( int argc,char * argv[ ] )
{
    FILE * fp1 , * fp2 ;
    char ch ;
    if( argc == 1 )
      {
        printf( "have not enter file name strike any key exit" ) ;
        getch( ) ;
        exit( 0 ) ;
      }
    if( ( fp1 = fopen( argv[ 1 ] , "rt" ) ) == NULL )
      {
        printf( "Cannot open % s\n" ,argv[ 1 ] ) ;
        getch( ) ;
        exit( 1 ) ;
      }
    if( argc == 2 ) fp2 = stdout ;
    else if( ( fp2 = fopen( argv[ 2 ] , "wt + " ) ) = NULL )
      {
        printf( "Cannot open % s\n" ,argv[ 1 ] ) ;
        getch( ) ;
        exit( 1 ) ;
      }
    while( ( ch = fgetc( fp1 ) )! = EOF )
    fputc( ch,fp2 ) ;
    fclose( fp1 ) ;
    fclose( fp2 ) ;
    }
```

本程序为带参数的 main 函数。程序中定义了两个文件指针 fp1 和 fp2，分别指向命令行参数中给出的文件。如命令行参数中没有给出文件名，则给出提示信息。程序第 18 行表示如果只给出一个文件名，则使 fp2 指向标准输出文件（即显示器）。程序第 25 ~ 28 行用循环语句逐个读出文件 1 中的字符再送到文件 2 中。再次运行时，给出了一个文件名（由例 4.14 所建立的文件），故输出给标准输出文件 stdout，即在显示器上显示文件内容。第三次运行，给出了两个文件名，因此把 string 中的内容读出，写入到 OK 之中。可用 DOS 命令 type 显示 OK 的内容：字符串读写函数 Fgets 和 Fputs。

4.4.4.2　写字符串函数 fputs

fputs 函数的功能是向指定的文件写入一个字符串，其调用形式为：fputs（字符串，文件指针），其中字符串可以是字符串常量，也可以是字符数组名，或指针变量，例如：

fputs("abcd",fp);

其意义是把字符串"abcd"写入 fp 所指的文件之中。

例 4.16　在例 4.14 中建立的文件 string 中追加一个字符串。

```
#include < stdio. h >
main( )
{
FILE *fp;
char ch,st[20];
if((fp = fopen("string","at + ")) == NULL)
{
printf("Cannot open file strike any key exit!");
getch( );
exit(1);
}
printf("input a string:\n");
scanf("%s",st);
fputs(st,fp);
rewind(fp);
ch = fgetc(fp);
while(ch! = EOF)
{
putchar(ch);
ch = fgetc(fp);
}
printf("\n");
fclose(fp);
}
```

本例要求在 string 文件末加写字符串，因此，在程序第 6 行以追加读写文本文件的方式打开文件 string。然后输入字符串，并用 fputs 函数把该串写入文件 string。在程序 15 行，用 rewind 函数把文件内部位置指针移到文件首。再进入循环逐个显示当前文件中的全部内容。

4.5　实训

4.5.1　实训目的

（1）学会正确编写顺序结构程序；

（2）熟练掌握格式化输入输出函数的应用；

（3）掌握文件指针的概念和运用；

（4）掌握文件的相关操作：打开、读、写、关闭；

（5）掌握文件的定位操作。

4.5.2　实训理论基础

（1）C 语言的基础数据类型；

（2）一维数组及二维数组概念及声明；

（3）指针的概念及声明；

（4）结构体的概念及结构体元素的引用；

（5）共用体的概念；

（6）指针与数组、指针与结构体的结合运用。

4.5.3　程序调试实训内容与要求

（1）标出下面程序中的语法错误并修改，写出执行结果。

```
int a;
main( )
{   float f = 134. 23;
    {printf("a = % d\tf = %. 2f\n",a,f);}
printf("a = % d\tf = %. 2f\n",a,f);
}
```

执行结果是：

（2）记录上机调试过程。

```
main ( )
{   int   a,   b,   c,   sum = 0;
    scanf("a = %d%d,  % d",  &a,  &b,  &c);
}
```

如何正确地输入变量 a，b，c 的值？

（3）输入程序并执行，写结果。

```
#include" stdio. h"
  main( )
{   char a,b;
    scanf("%3c%4c",&a,&b);
printf("C1 = % c,C2 = % c",a + 1,b - 1);}
```

在运行上述程序时，如果从键盘输入 ABCDEFGH

变量 a 的值代表字符：

变量 b 的值代表字符：

输出结果为：

并分析原因

（4）以下程序的功能是对变量 h 中的值保留两位小数，并对第三位进行四舍五入（规定 h

中的值为正数)

例如：h 值为 8.32433，则函数返回 8.32；h 值为 8.32533，则函数返回 8.33。

程序填空

```
#include < stdio. h >
#include < conio. h >
 main( )
 {    float      a;
      clrscr( );/*清屏函数*/
     printf("Enter a:");scanf("%f",&a);
     printf("The original data is:%f\n\n",a);
 /*请补充完整*/


 }
```

（5）定义一个结构体数组，存放 10 个学生的学号，姓名，三门课的成绩。

（6）从键盘输入 10 个学生的以上内容，存入文件 stud. dat，关闭文件。

（7）打开 stud. dat 文件，将数据读出，查看是否正确写入，关闭文件。

（8）打开文件 stud. dat 文件，读出数据，将 10 个学生按照平均分数从高到低进行排序，分别将结果输出到屏幕上和另一文件 studsort. dat 中。

（9）从 studsort. dat 文件中读取第 2，4，6，8，10 个学生的数据。

小　　结

本章详细讨论了 C 语言的输入/输出函数。本章需要掌握的知识点有：

（1）数据输出函数有 putchar 函数和 printf 函数。

1）putchar 函数是单个字符输出函数。函数调用的一般格式是：

Putchar(c);

其中，putchar 是函数名称，括号中的 c 是函数参数，可以是字符型或整型的常量、变量或表达式。

2）printf 函数的一般调用格式为：

Printf（格式控制，输出表列）

其中，"格式控制"包括格式说明符和普通字符。"输出表列"由若干个输出项构成，输出项之间用逗号隔开，每个输出项既可以是常量、变量，也可以是表达式。

（2）数据的输入函数有 getchar 函数和 scanf 函数。

1）getchar 函数的作用是从标准输入设备输入一个字符。

Getchar 函数调用的一般格式是：

Getchar(c)

其中，getchar 函数是一个无参数函数，但调用 getchar 函数时后面的括号不能省略。

在输入时，空格、回车键等都作为字符读入，而且，只有在用户键入回车后，读入才开始执行，一个 getchar 函数只能接收一个字符。

2）scanf 函数功能是从键盘上输入数据，该输入数据按指定的输入格式被赋给相应的变量。函数的一般格式为：

Scanf（格式控制，地址表列）

其中，"格式控制"规定数据的输入格式，必须用双引号括起来，其内容仅仅是格式说明符。"地址表列"则由一个或多个变量地址组成，当变量地址有多个时，各变量地址之间用逗号。"格式表列"则由一个或多个变量地址组成，当变量地址有多个时，各变量地址之间用逗号"，"隔开。

（3）文件是指存储在外部介质上的数据集合。文件指针是指向一个结构体的指针变量。

（4）对文件的操作包括文件的打开、关闭、读、写、文件的定位和出错的检验等。现在分别介绍如下：

1）在 C 语言中使用 fopen 函数完成对文件的打开操作。其一般的调用方式为：

Fopen （"文件名"，"操作方式"）；

2）关闭文件用函数 fclose 函数来实现，其调用的形式为：

Fclose （fp）

3）文件的读函数包括 fgetc 函数、fgets 函数。

Fgetc 函数的功能是从指定的文件中读入一个字符。

Fgets 函数的功能是从文件指针所指向的文件中，读入一个字符串。

4）有关写操作的函数主要有 fputc 函数、fputs 函数、fprintf 函数。

Fputc 函数的功能是把单个字符写到指定的文件中。

Fputs 函数的功能是将字符串写入文件指针所指的文件中。Fputs 函数带返回值。如输出成功，返回值为 0，否则返回文件结束标志 EOF 其值为 − 1。

Fprintf 函数为格式化输出函数，其功能是把输出数据发送到指定文件中。

习　题

（1）putchar 函数可以向终端输出一个（　　）

　　A. 整型变量表达式值　　　　B. 实型变量值　　　　C. 字符串　　　　D. 字符或字符变量

（2）以下程序的输出结果是（　　）（注：⌐表示空格）

```
main( )
{ printf( "\n*s1 = %15s*" ,"chinajilin" );
  printf( "\n*s2 = % −5s*" ,"chi" );
}
```

　　A. *s1 = chinajiilin⌐⌐⌐*　　　　　　　　B. *s1 = ⌐⌐⌐⌐⌐chinajilin*
　　　　*s2 = **chi*　　　　　　　　　　　　　　*s2 = chi⌐⌐*

　　C. *s1 = *⌐⌐chinajiilin*　　　　　　　　D. *s1 = chinajilin⌐⌐⌐*
　　　　s2 = ⌐⌐chi　　　　　　　　　　　　　*s2 = chi⌐⌐*

（3）以下 C 程序正确的运行结果是（　　）（注：⌐表示空格）

```
main( )
{ long y = −43456;
  printf( "y = % −8ld\n" ,y );
  printf( "y = % −08ld\n" ,y );
printf( "y = %08ld\n" ,y );
printf( "y = % +8ld\n" ,y );
```

A. $y = \quad\quad -43456$　　　$y = -\quad\quad 43456$　　　$y = -0043456$　　　$y = -43456$

B. $y = -43456$　　　$y = -43456$　　　$y = -0043456$　　　$y = + \quad -43456$

C. $y = -43456$　　　$y = -43456$　　　$y = -0043456$　　　$y = \quad\quad -43456$

D. $y = \quad\quad -43456$　　　$y = -43456$　　　$y = 0043456$　　　$y = +43456$

（4）已有如下定义和输入语句，若要求 a1，a2，c1，c2 的值分别为 10，20，A 和 B，当从第一列开始输入数据时，正确的数据输入方式是（　　）。（注：⌐表示空格）

int a1,a2;

char c1,c2;

scanf("%d%c%d%c",&a1,&c1,&a2,&c2);

　　　A. 10A⌐20B 〈CR〉　　B. 10⌐A⌐20⌐B 〈CR〉　　C. 10A20B 〈CR〉　　D. 10A20⌐B 〈CR〉

（5）已有如下定义和输入语句，若要求 a1，a2，c1，c2 的值分别为 10，20，A 和 B，当从第一列开始输入数据时，正确的数据输入方式是（　　）。

int a1,a2;

char c1,c2;

scanf("%d%d",&a1,&a2);

scanf("%c%c",&c1,&c2);

　　　A. 1020AB 〈CR〉　　　　　　　　B. 10⌐20 〈CR〉

　　　　　　　　　　　　　　　　　　　　　AB 〈CR〉

　　　C. 10⌐⌐20⌐⌐AB 〈CR〉　　　　　D. 10⌐20AB 〈CR〉

（6）系统的标准输入文件是指（　　）

　　　A. 键盘　　　　B. 显示器　　　　C. 软盘　　　　D. 硬盘

（7）若执行 FOPEN 函数时发生错误，则函数的返回值是（　　）

　　　A. 地址值　　　B. 0　　　　　　C. 1　　　　　　D. EOF

（8）当顺利执行了文件关闭操作时，fclose 函数的返回值是（　　）

　　　A. -1　　　　　B. TURE　　　　C. 0　　　　　　D. 1

（9）fscanf 函数的正确调用形式是（　　）

　　　A. fscanf（fp，格式字符串，输出表列）

　　　B. fscanf（格式字符串，输出表列，FP）

　　　C. fscanf（格式字符串，文件指针，输出表列）

　　　D. fscanf（文件指针，格式字符串，输入表列）

（10）函数调用语句：fseek(fp, -2L,2)；的含义是（　　）

　　　A. 将文件位置指针移到距离文件头 20 个字节处

　　　B. 将文件位置从当前位置向后移动 20 个字节

　　　C. 将文件位置指针从文件末尾处向后退后 20 个字节

　　　D. 将文件位置指针移到离当前位置 20 个字节处

5 C程序流程设计

本章主要讲述编制 C 程序的基本流程及其相关结构与使用方法，内容包括顺序结构、分支结构、循环结构的基本原理及其相关关键字的具体含义。同时通过实例进一步介绍三种基本结构的应用方法。

学习目标：

（1）算法的性质、组成要素与描述方法；

（2）三种基本结构的流程表示方法；

（3）分支结构的描述方法；

（4）循环结构的描述方法。

5.1 算法

在计算机的应用程序中其组成部分主要分为两大块，一个是数据结构，一个是算法。数据结构是指在程序中要指定数据的类型和数据的组织形式。而算法则是指为解决某一个问题而采取的方法和步骤。计算机的算法主要分为两类：一类是数值运算算法即求解数值；另外一类是非数值运算算法即事务管理领域的算法。下面我们以闰年求解过程为例来讲述一下算法的具体含义。

例 5.1 判定 1900～2008 年中哪些年是闰年，哪些年不是闰年，将结果输出。

闰年的条件：

（1）能被 4 整除，但不能被 100 整除的年份；

（2）能被 100 整除，又能被 400 整除的年份；

设 n 为被检测的年份，则算法可表示如下：

M1：1900→n

M2：若 n 不能被 4 整除，则输出 n "不是闰年"，然后转到 M6

M3：若 n 能被 4 整除，不能被 100 整除，则输出 n "是闰年"，然后转到 M6

M4：若 n 能被 100 整除，又能被 400 整除，输出 n "是闰年"，否则输出 n "不是闰年"，然后转到 M6

M5：输出 n "不是闰年"

M6：n + 1→n

M7：当 n≤2008 时，返回 M2 继续执行，否则结束

5.1.1 算法的性质与组成要素

在研究程序算法的时候不可避免的要研究它的性质与组成要素，这对于算法的执行效率尤为重要。一个好的程序算法应该具有以下五个特性：

（1）有穷性。一个算法应包含有限的操作步骤而不能是无限的。

（2）确定性。算法中每一个步骤应当是确定的，而不能是含糊的、模棱两可的。

（3）有零个或多个输入。

（4）有一个或多个输出。

（5）有效性。算法中每一个步骤应当能有效地执行，并得到确定的结果。

5.1.2 算法的描述方法

为了帮助程序设计学习者更好地学习和理解算法，经过实践总结出了以下几个常用的算法描述方法。

（1）流程图表示算法。特点是直观形象，易于理解。主要使用的图元素如图 5-1 所示。

图 5-1

下面给出例 5.1 所对应的流程图，如图 5-2 所示。

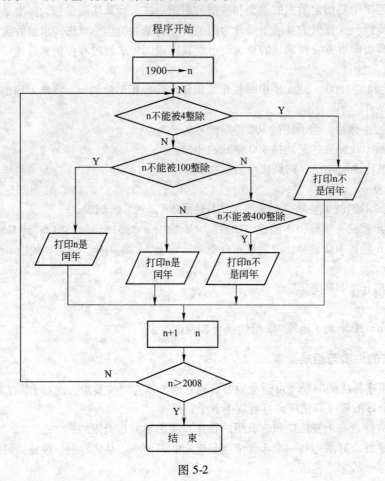

图 5-2

（2）用伪代码表示算法。伪代码是一种介于计算机语言与自然语言之间的算法描述语言，用介于自然语言和计算机语言之间的文字和符号来描述算法。例 5.1 的伪代码如下所示：

```
int(int year){
if(year 能被 4 整除但不能被 100 整除)
输出 year 是闰年;
else if(year 能被 100 整除又能被 400 整除)
输出 year 是闰年;
else
输出 year 不是闰年;}
```

（3）用计算机语言表示算法。当一个算法用计算机语言描述的时候，它主要的表现形式为一个"方法"或者"函数"，同样以例 5.1 为例，它的 C 语言算法描述如下：

```
int jrn(){
int n = 1900;
for(;n < =2008;n ++){
if(n%4 ==0&&n%100! =0)/*n 能被 4 整除但不能被 100 整除*/
printf("%d 年是闰年",n);
else if(n%100 ==0&&n%400 ==0) /*n 能被 100 整除又能被 400 整除*/
printf("%d 年是闰年",n);
else
printf("%d 年不是闰年",n);
}
```

5.1.3 三种基本结构的流程表示方法

根据结构化程序设计的要求，每个算法最多只能由三种基本结构组成，在使用流程图描述 C 算法的时候，针对这三种基本结构分别给出了相应的图元素。

（1）顺序结构，如图 5-3 所示。

（2）分支结构，如图 5-4、图 5-5 所示。

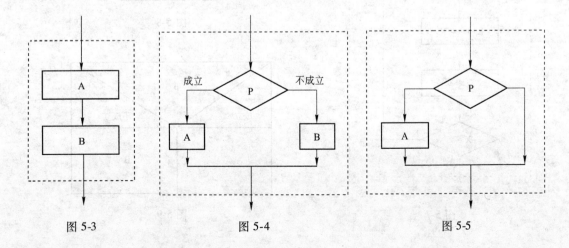

图 5-3　　　　　　　　　　图 5-4　　　　　　　　　　图 5-5

（3）循环结构，如图 5-6 所示。

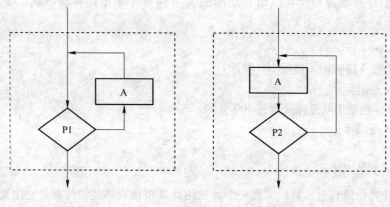

图 5-6

这三种基本结构是结构化程序设计的基本结构，其算法描述图元素在程序设计过程中较为常用。尽管他们的功能各不相同，但还是有着一些相同点，主要相同点如下：

（1）只有一个入口；

（2）只有一个出口；

（3）结构内的每一部分都有机会被执行到；

（4）结构内不存在"死循环"。

三种基本结构运用举例如图 5-7 所示。

在三种基本结构流程图的基础上，1973 年美国学者提出了一种新型流程图——N-S 流程图。N-S 流程图针对上述三种结构分别给出了相关的图元素，具体如下：

（1）顺序结构，如图 5-8 所示。

（2）选择结构，如图 5-9 所示。

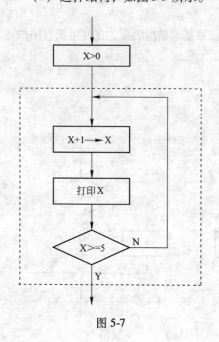

图 5-7

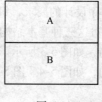

图 5-8

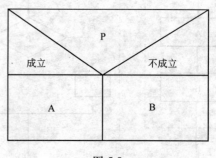

图 5-9

（3）循环结构，如图5-10所示。

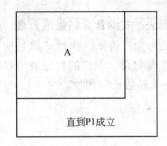

图 5-10

5.2 C语言基本语句

C语言的可执行语句按其结构进行划分主要分为三种，顺序语句、分支语句与循环语句。在C程序设计过程中这三种语句经常组合使用，因为C程序是一种自顶向下的执行结构，所以整个程序都是一种顺序结构，任何合法的C语句都是顺序结构的一个组成部分，在前面章节中介绍过的语句在这里就不一一介绍了。下面重点介绍分支语句与循环语句。

5.2.1 if 语句

if语句是编写分支结构程序经常使用的一种语句。它能够根据给定的条件进行判断，并能够在不同的条件下进行与之相应的操作。C语言的if语句有三种基本形式：

（1）单if语句结构。形式如下：

    if（逻辑表达式）

      语句块

功能：如果逻辑表达式的计算结果值为真，则执行结构内部的"语句块"部分，否则执行语句块的后续语句。

例如：比较两个整数大小的程序就可以使用if结构

例5.2 比较两个整数大小

```
main( )
{
int m,n,max;
printf("please input two number:\n");
scanf("%d%d",&m,&n);
max = m;
if( n > m )
max = n;
printf("the larger number is %d",max); }
```

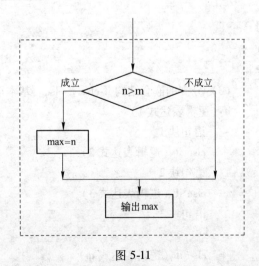

例5.2所对应的流程图如图5-11所示。

（2）if-else语句结构。形式如下：

  if（逻辑表达式）

    语句块1

图 5-11

else

语句块 2

功能：如果逻辑表达式的计算结果值为真，则执行结构内部的"语句块 1"部分，然后执行 if-else 结构的后续语句；否则，执行"语句块 2"部分，然后 if-else 结构的后续语句。

例如：判断一个整数奇、偶性的程序就可以使用 if-else 结构。

例5.3 判断一个整数奇、偶性。

```
main( ){
int num;
printf( "please input a Integer number:" );
scanf( "%d" ,&num);
if( num%2 ==0)
printf( "%d is odd number" ,num);
else
printf( "%d is even number" ,num);
}
```

例5.3 所对应的流程图，如图 5-12 所示。

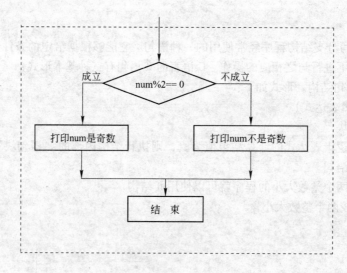

图 5-12

（3）分支的嵌套结构 if-else if-else。基本形式如下：

if（逻辑表达式 1）

语句块 1

else if（逻辑表达式 2）

语句块 2

else if（逻辑表达式 3）

语句块 3

…

else if（逻辑表达式 m）

　　　语句块 n

　　　else

　　　语句块 n + 1

　　分支的嵌套结构是 if-else 语句的另一种语法形式，通过增加 else if 子句使其成为多分支结构。主要功能是：首先计算逻辑表达式1，如果结果值为"真"，则执行结构内部的"语句块1"；否则计算逻辑表达式2，如果结果值为"真"，则执行结构内部的"语句块2"；否则计算逻辑表达式3……，以此类推，直到找到一个逻辑表达式结果为"真"的 else if 则执行其后的语句；若所有的逻辑表达式结果值都为"假"，则执行 else 引导的"语句块 n + 1"。当某个逻辑表达式的结果值为"真"，且相应的语句块执行完后，程序将跳出结构体执行该结构的后续语句；如果上述结构没有设置 else，并且所有逻辑表达式结果值均为"假"，结构中的任何语句块都不会被执行，直接执行该结构的后续语句。

　　例 5.4　变量 Grade 是一个学生的某科成绩（百分制），编写程序，能将其转换成五分制成绩。转换标准如表 5-1 所示。

表 5-1　转换标准

五分制	A	B	C	D	E
百分制	Grade≥90	90 > Grade≥80	80 > Grade≥70	70 > Grade≥60	60 > Grade≥0

　　完成本例的方法有两个。第一种方法是直接按照表 5-1 所示的转换条件编写逻辑表达式，构造多选结构。代码如下：

```c
#include "stdio. h"
main( ){
int Grade;
char Res;
printf( "please input Grade( Grade >= 0&&Grade <= 100) : \n" );
scanf( "% d" ,&Grade);
if( Grade > 100 || Grade < 0){
printf( "you input the Grade is error" );
exit( );
}
if( Grade >= 90&&Grade <= 100)
Res = 'A';
else if( Grade < 90&&Grade >= 80)
Res = 'B';
else if( Grade < 80&&Grade >= 70)
Res = 'C';
else if( Grade < 70&&Grade >= 60)
Res = 'D';
else
Res = 'E';
printf( "the Res is " );
```

putchar(Res) ; }

　　另一个方法是，利用选择结构固有的执行顺序特征来简化选择逻辑表达式，流程图如图
5-13所示，代码如下：

```
#include "stdio. h"
main( ) {
int Grade;
char Res;
printf( "please input Grade( Grade >= 0&&Grade <= 100) : \n" ) ;
scanf( "% d" ,&Grade) ;
/* 如果 Grade 的值大于 100 或者小于 0 则给出错误提示并退出应用程序*/
if( Grade > 100 || Grade < 0) {
printf( "you input the Grade is error" ) ;
exit( ) ;/*退出函数*/
}
/* 如果 Grade 的值在 100 与 0 之间则进行相应判断*/
if( Grade >= 90)
Res = 'A';
else if( Grade >= 80)
Res = 'B';
else if( Grade >= 70)
Res = 'C';
else if( Grade >= 60)
Res = 'D';
else
```

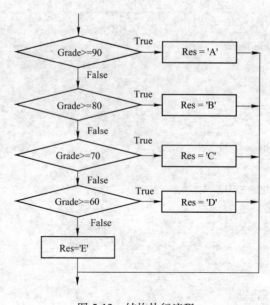

图 5-13　结构执行流程

```
Res = 'E';
printf("the Res is ");
putchar(Res);/*输出字符五分制的成绩 Res*/
}
```

（4）if 语句嵌套。在程序设计过程中，在 if 语句中可以包含一个或多个 if 语句称为 if 语句的嵌套。基本形式如下：

```
if(逻辑表达式1)
  if(逻辑表达式2) 语句块1
  else           语句块2
else
  if(逻辑表达式3) 语句块1
  else           语句块2
```

应当注意 if 与 else 的配对关系。else 总是与它上面最近的未配对的 if 配对。如果 if 与 else 的数目不一样，为实现程序设计者的意图，可以加花括号来确定配对关系。例如：

```
if(逻辑表达式1)
    if(逻辑表达式2)语句块1
else
if(逻辑表达式3)语句块2
else
语句块3
```

```
if(逻辑表达式1)
{
if(逻辑表达式2)语句块1
else
if(逻辑表达式3)语句块2
}
else
语句块3
```

对比以上两段代码，可以发现"代码段1"中第一个 if 只能控制它后面的第一组 if-else 组合，而后一组 if-else 组合则是一段独立的代码块。而在"代码段2"中通过 {} 括起来后，最后一个 else 则与第一个 if 配对成为了一组 if-else 组合。

例5.5 比较两个数大小，然后输出结果。

流程图如图 5-14 所示：

```
main(){
int a,b;
printf("please input A,B：  ");
scanf("%d%d",&a,&b);
if(a!= b)
if(a > b)   printf("A > B\n");
else        printf("A < B\n");
else        printf("A = B\n");
}
```

5.2.2 switch 语句

除了使用 if-else if-if 结构表示多分支结构外,C
语言还提供了另一种用于多分支选择的 switch 语句,
其一般形式为:

switch(表达式){
case 常量表达式 1: 语句 1;
case 常量表达式 2: 语句 2;
⋮
case 常量表达式 n: 语句 n;
default: 语句 n + 1;
}

其语义是:计算表达式的值。并逐个与其后
的常量表达式值相比较,当表达式的值与某个常
量表达式的值相等时,即执行其后的语句,然后
不再进行判断,继续执行后面所有 case 后的语
句。如表达式的值与所有 case 后的常量表达式均
不相同,则执行 default 后的语句。

switch 结构的基本流程图如图 5-15 所示。

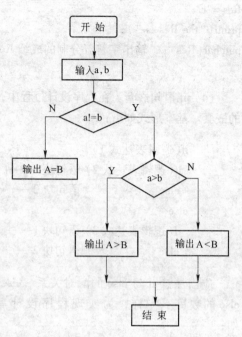

图 5-14　例 5.5 执行流程

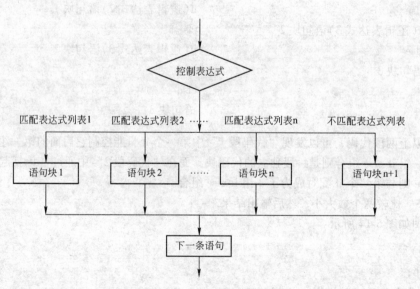

图 5-15　switch 语句执行流程

例 5.6 例 5.4 中的成绩转化问题使用 switch 结构描述如下:

```
#include "stdio. h"
main( ){
int Grade;
char Res;
```

```
printf("please input Grade(Grade > =0&&Grade < =100):\n");
scanf("%d",&Grade);
/*如果 Grade 的值大于 100 或者小于 0 则给出错误提示并退出应用程序*/
if(Grade >100 || Grade <0){
printf("you input the Grade is error");
exit();
}
/*如果 Grade 的值在 100 与 0 之间则进行相应判断*/
switch(Grade/10){
case 9: Res = 'A';break;
case 8: Res = 'B';break;
case 7: Res = 'C';break;
case 6: Res = 'D';break;
default: Res = 'E';
}

printf("the Res is ");
putchar(Res);/*输出字符五分制的成绩 Res*/
}
```

程序中使用了跳出 switch 结构的语句"break"，它主要的功能是终止 switch 结构的继续执行。如果不加这条语句则当某个分支满足后，它后续的分支都将被执行一次。比如用户输入98，本应该执行 Res = 'A'，但是由于它的满足后面的所有分支都被执行了一次，Res 最后的值就是'E'。细心的读者会发现，如果不加"break"的话，在 0~100 之间无论输入什么值，Res 最后的值都是'E'。

例 5.7　计算器程序。用户输入运算数和四则运算符，输出计算结果。

```
main(){
float a,b;
char c;
printf("input expression: a + ( - , * ,/)b \n");
scanf("%f%c%f",&a,&c,&b);
switch(c){
    case '+': printf("%f\n",a + b);break;
    case '-': printf("%f\n",a - b);break;
    case '*': printf("%f\n",a*b);break;
    case '/': printf("%f\n",a/b);break;
    default: printf("input error\n");
}
}
```

程序运行后用户可以输入如下表达式进行验证："5 +8"、"9*2"等
在使用 switch 语句时还应注意以下几点：
（1）在 case 后的各常量表达式的值不能相同，否则会出现错误；

（2）switch 后面括号内的"表达式"，ANSI 标准允许它为任何类型。

（3）在 case 后，允许有多个语句，可以不用 ｛｝ 括起来；

（4）各 case 和 default 子句的先后顺序可以变动，而不会影响程序执行结果；

（5）default 子句可以省略不用。

5.2.3　break 语句

基本形式：break；

break 语句通常用在循环语句和 switch 结构中。当 break 用于 switch 结构中时，可使程序跳出 switch 而执行 switch 以后的语句；break 在 switch 中的用法已在例5.6 中介绍过，这里不再举例。当 break 语句用于 do-while、for、while 等循环语句中时，可使程序终止循环而执行循环后面的语句，通常 break 语句总是与 if 语句联在一起。即满足条件时便跳出循环。在使用 break 时通常要注意以下两点：

（1）break 语句对 if-else 的条件语句不起作用；

（2）在多层循环中，一个 break 语句只向外跳一层。

5.2.4　do-while 语句

在使用计算机程序处理的许多问题中都需要用到循环控制。例如求解若干个数之和；迭代求根等。循环结构是结构化程序设计的基本结构之一，它和顺序结构、分支结构共同作为各种复杂程序的基本构造单元。其特点是，在给定条件成立时，反复执行某程序段，直到条件不成立为止。给定的条件称为循环条件，反复执行的程序段称为循环体。C 语言提供了多种循环语句，可以组成各种不同形式的循环结构。主要如下：

（1）do-while 语句；

（2）while 语句；

（3）for 语句；

（4）goto 语句和 if 语句构成循环。

下面首先介绍用 do-while 语句构成的循环结构。do-while 语句构成的循环结构特点是先执行循环体，然后判断循环条件是否成立。其一般形式为：

do

　　循环体语句

while （表达式）

它执行的基本规则是：先执行一次指定的循环体语句，然后判别表达式，当表达式的值为"真"时，返回重新执行循环体语句，如此反复，直到表达式的值等于"假"为止，此时循环结束。do-while 循环的特点是无论循环条件是否为真循环体都至少被执行一次。其执行过程可用图 5-16 与图 5-17 表示。

例 5.8　用 do-while 语句编写程序计算 $1 + 2 + \cdots + 9$ 的代数和。

代码如下：

```
main( ){
int i,sum = 0;
i = 1;
do
```

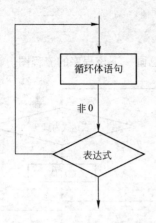

图 5-16 do-while 结构流程图　　　　　图 5-17 do-while 结构 N-S 流程图

```
{sum + = i;
i ++ ;} while(i < 10) ;
printf("sum = % d", sum) ;}
```

例 5.8 所对应的 N-S 流程图,如图 5-18 所示。

例 5.9 用 do-while 语句编写程序求长度为 10 的一维数组 a 中的最大值,为了使程序更具一般性,本例数组采用动态赋值的方法。

本例程序的基本思想是:用一个 do-while 循环语句逐个输入 10 个数到数组 a 中。然后把 a[0]送入 max 中。紧接着用第二个 do-while 语句从 a[1]到 a

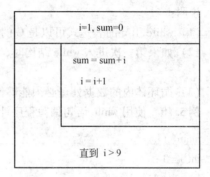

图 5-18 例 5.8 的 N-S 流程图

[9]逐个与 max 中的内容比较,若比 max 的值大,则把该数组元素的值送入 max 中,因此 max 在已比较过的数组元素中总是最大的。比较结束后,输出 max 的值。

```
main( ){
int i,max,a[10];
i = 0;
printf("please input 10 Integer number:\n");
/*从键盘输入 10 个整形数据*/
do{
scanf("% d",a + i);
i ++ ;
} while(i < 10);
max = a[0]; /*给 max 赋初值为 a[0]*/
i = 1;
do{
if(max < a[i]) /*从 a[1]开始逐个数组元素开始与 max 进行比较,将数值大的赋给 max*/
max = a[i];
i ++ ;
} while(i < 10);
```

printf("the max is % d",max);/*输出最大值 max*/
}

在这里就不给出该程序的流程图了，读者可以试着自己画一下该程序的流程图。

5.2.5 while 语句

while 语句的一般形式为：

while（表达式）循环体

功能：首先执行 While 引导的表达式，若结果为
"真"执行循环体，然后再次执行表达式，重复执行
上述过程……，当某一次执行表达式为"假"时，退
出循环结构，转到循环结构的后续语句执行。执行流
程图见图 5-19。

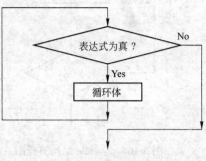

图 5-19   while 语句执行流程

说明：

（1）while 引导的表达式可以是 C 的任何合法表达式；

（2）如果第一次进入 while 结构时，逻辑表达式的计算结果为"假"，则直接退出循环结
构；

（3）循环体内的数据处理必须能够使循环控制条件趋于"假"，以避免出现"死循环"。

例 5.10   使用 while 语句编写程序计算：10!。代码如下：

```
main() {
int i = 1;
long s = 1;
while(i <= 10) {
s = s*i;
i ++;
}
printf("10!= % d",s);
}
```

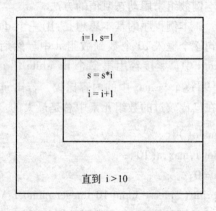

图 5-20   例 5.10 的 N-S 流程图

程序的输出结果为：24320。流程图如图 5-20 所示。

例 5.11   统计从键盘输入一行字符中 "a" 字符的
个数。

```
#include < stdio. h >
main() {
    int n = 0;
    char ch;
    printf("input a string: \n");
    ch = getchar();/*从键盘输入一个字符赋给 ch*/
    while(ch != '\n') /*当 ch 的值不是回车符时持续输入*/
    {
    if(ch == 'a')/*如果 ch 的值是字符'a'则统计变量 n 加 1*/
```

```
    n ++ ;
    ch = getchar( ) ;
    }
printf("the number of a is:% d" ,n) ;
    }
```

5.2.6　for 语句

在 C 语言中，for 语句使用最为灵活，不仅可以用于循环次数已经确定的情况，而且可以用于循环次数不确定而只给出循环结束条件的情况，它完全可以取代 while 语句。它的一般形式为：

for（表达式 1；表达式 2；表达式 3）
　　循环体

它的执行过程如下：

（1）先求解表达式 1；

（2）求解表达式 2，若其值为真（非 0），则执行 for 语句中指定的内嵌语句，然后执行下面第（3）步；若其值为假（0），则结束循环，转到第（5）步；

（3）求解表达式 3；

（4）转回第（2）步继续执行；

（5）循环结束，执行 for 语句下面的一个语句。

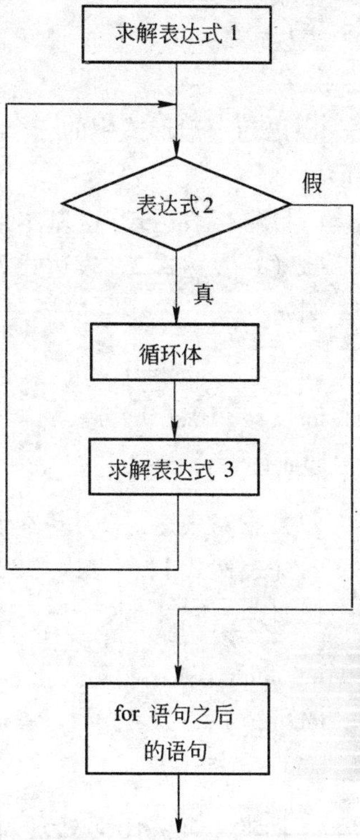

for 语句执行过程如图 5-21 所示。

图 5-21　for 语句执行流程

for 语句在实际应用中可以有 5 种形式，其中最简单也是最容易理解的应用形式如下：

for（循环变量赋初值；循环条件；循环变量增量）
　　　　　循环体

在这种结构中，"循环变量赋初值"总是一个赋值语句，它用来给循环控制变量赋初值；"循环条件"一般是一个关系表达式，它决定什么时候退出循环；"循环变量增量"控制循环变量每循环一次后按什么方式变化，这三者之间用";"分隔。例如：

for(int j = 1;j < 10;j ++) sum + = j;

执行流程为：先给 j 赋初值 1，判断 j 是否小于 10，如果 j < 10 则执行循环体"sum + = j;"然后 j 自加 1，再重新判断，直到条件为假，即"j == 10"结束循环。它相当于用 while 语句的如下形式：

```
    j = 1;
    while(j < 10){
    sum + = j;
    j ++ ;
    }
```

对于 for 循环语句的一般形式，可以给出一个 while 语句的对应形式如下：

表达式 1；

while（表达式 2）{

循环体

表达式3；

}

for 语句一般形式中的三个表达式在实际应用中都可以省略，这就构成了 for 语句的另外 4 种形式。

（1）省略表达式 1。基本形式：

for （；表达式 2；表达式 3）循环体

例如：

int j = 1, sum = 0；

for(; j < 10; j ++)

sum + = j；

（2）省略表达式 2。基本形式：

for （表达式 1；；表达式 3）循环体

例如：

int sum = 0；

for(j = 1; ; j ++)

sum + = j；

这个时候如果任何处理都不做将会出现死循环，建议轻易不要在程序中使用这种形式。

（3）省略表达式 3。基本形式：

for （表达式 1；表达式 2；）循环体

例如：

int sum = 0, j；

for(j = 1; j < 10){

sum + = j；

j ++ ；

}

（4）省略所有表达式。基本形式：

for （；；）循环体

例如：

for （；；）循环体

相当于 while （1）

与省略表达式 2 一样，这种方式如果不做任何处理的话也会引起死循环，建议在其中使用 break 语句强制退出循环。

例如：

int j = 1; sum = 0；

for(; ;)

{

```
if( j >= 10)
break;
sum + = j;
j ++;
}
```

在实际应用中，表达式1、表达式2、表达式3除了赋值表达式外还可以是逗号表达式或其他任何合法的C表达式。for循环除了可以省略一个表达式外还可以同时省略两个表达式。

例如：同时省略1、3表达式

```
int    j = 1, sum = 0;
for( ; j < 10; )
{
sum + = j;
j ++
}
```

相当于while循环的如下形式

```
j = 1;
while( j < 10) {
sum + = j;
j ++;
}
```

例 5.12 利用 for 循环语句计算 1！ + 2！ + 3！ + … + 10！

```
main( ) {
int i = 1;
double sum = 0, s = 1.0;
for( ; i <= 10; i ++) {
s * = i;
sum + = s;
}
printf( "1! + 2! + … + 10! = % lf", sum);
}
```

程序流程图如图 5-22 所示。

例 5.13 编程实现在 1 ~ 1000 之间找出这样的数：它的百位的立方加上它的十位的立方再加上它的个位的立方正好等于它本身。

```
main( ) {
int i, a, b, c; / * a 作为百位, b 作为十位, c 作为个位 * /
for( i = 100; i < 1000; i ++) {
a = i/100;
```

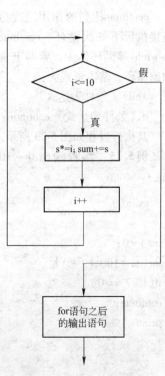

图 5-22　例 5.12 执行流程

```
    b = i % 100/10;
    c = i % 10;
    if(i = = a*a*a + b*b*b + c*c*c)
    printf("%d ",i);
    }
  }
```

for循环在实际应用中经常嵌套使用，在使用嵌套循环时要注意它的内外层的控制关系。

例 5.14　编写程序输出九九乘法表。

```
#include "stdio. h"
main( )
{
  int i,j;
  for( i = 1; i <= 9; i ++ ) {
    for( j = 1; j <= i; j ++ )
    printf("%d ",i*j);
    printf("\n");
}
}
```

5.2.7　continue 语句

continue 语句的作用是跳过循环体中剩余的语句而直接执行下一次循环。continue 语句常用在 while、for、do-while 等循环体中，常与 if 条件语句一起使用，用来加速循环。基本形式为：

　　while（条件表达式）

　　if（条件表达式）continue;

其执行过程如图 5-23 所示。

例 5.15　编程输出 0 ~ 100 之间不能被 7 整除的数。

```
  main( )
  {
int i = 0;
for( ; i < 100; i ++ ) {
if( i % 7 == 0)
continue;
printf("%d ",i);
  }
  }
```

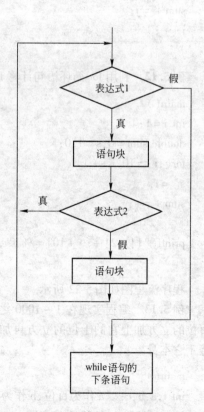

图 5-23　continue 语句的执行流程

程序流程图如图5-24所示。

5.2.8　goto 语句

goto 语句是一种无条件转移语句，基本形式为：

goto 语句标号；

其中标号是一个有效的标识符，这个标识符加上一个"："一起出现在函数内某处，执行 goto 语句后，程序将跳转到该标号处并执行其后的语句。另外标号必须与 goto 语句同处于一个函数中。通常 goto 语句与 if 条件语句连用可构成一个循环语句，当满足某一条件时，程序跳到标号处运行。在程序设计中不建议使用 goto 语句，因为它将使程序层次不清产生二义性，且可读性不好。

例 5.16　用 goto 语句和 if 语句构成循环计算 $1 + 2 + \cdots + 9$ 的代数和。

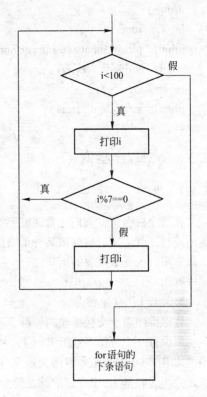

图 5-24　例 5.15 执行流程

```
main( )
{
    int i, sum = 0;
    i = 1;
loop:   if( i <= 9)
        {sum = sum + i;
        i ++ ;
        goto loop;}
    printf("% d\n", sum);
}
```

5.2.9　return 语句

return 语句的主要作用是将函数的返回值返回到主调函数。基本形式如下：

return 表达式；　或

return （表达式）；

该语句的功能是计算表达式的值，并返回给主调函数。在函数中允许有多个 return 语句，但每次调用只能有一个 return 语句被执行，因此只能返回一个函数值。函数值的类型和函数定义中函数的类型应保持一致。如果两者不一致，则以函数类型为准，自动进行类型转换。

例 5.17　编写函数 add 求解两个整型数的和。

```
int add( int x, int y)
{
int sum;
sum = x + y;
return sum;
}
```

```
main( ) {
int x,y,sum;
printf("please input two integer number:\n");
scanf("%d%d",&x,&y);
sum = add(x,y);
printf("sum = %d",sum);
}
```

5.3　典型程序举例

5.3.1　排序

在当今社会里，人们经常面临要在浩如烟海的信息中查找某条信息。要使这种查找操作快速的进行，就必须对信息按某种策略进行存储。排序是人们经常使用的一种方法，是信息处理中最常用，也是最重要的运算之一。排序种类有很多，本节只讨论两种最常用的、效率较高的排序算法。

5.3.1.1　冒泡排序

冒泡排序属于交换排序的一种，基本思想如下：

假设有一个待排序数组 R[n]，初始状态从 R[0]开始与剩余的所有数组元素进行比较，遇到比 R[0]小的数组元素则交换 R[0]与这个元素的值。一直到所有的待排序数组元素都比较完毕。这时 R[0]中存储的就是整个数组中最小的值（也是最轻的那个气泡）。然后将 R[0]从无序区划分到有序区。下一次从 R[1]开始进行同样的操作，直到所有的数组元素都被划分到有序区，这时该数组排序完毕。

例 5.18　利用冒泡排序对无序数组 R[10]进行从小到大排序。参考代码如下：

```
main( ) {
int i,j,R[10],temp;
printf("please input 10 Integer number:");
/*为数组元素赋值*/
for(i = 0;i < 10;i ++ ) {
scanf("%d",R + i);
}
for(i = 0;i < 10;i ++ )
for(j = i + 1;j < 10;j ++ )
/*交换数据*/
if(R[i] > R[j]) {
temp = R[i];
R[i] = R[j];
R[j] = temp;
}
/*输出排序后的数组元素*/
for(i = 0;i < 10;i ++ )
printf("%d ",R[i]);
```

```
}
```

5.3.1.2 选择排序

选择排序的基本思想是:每一趟从待排序的记录中选出关键字最小的记录,顺序放在已排好序的记录之后,直到全部记录排序完毕。

例如:数组 R[10]是一个无序的数组,那么就从 R[0]开始进行比较,找到最小的数组元素将其与 R[0]交换,交换后 R[0]成为有序区的第一个数组元素,然后从 R[1]开始继续比较直到找到无序区中的最小值,与 R[1]进行交换,这时 R[1]进入有序区。依次类推,直到所有元素都进入有序区。

例 5.19 利用选择排序对无序数组 R[10]进行从小到大排序。代码如下:

```
main( ){
int i,j,k,temp,R[10];
printf("please input 10 integer number:");
for(i=0;i<10;i++){
scanf("%d",R+i);
}
for(j=0;j<10;j++){
k=j;
for(i=j+1;i<10;i++)
if(R[i]<R[k])
{
k=i;/*将 R 数组中待排序元素中的最小值的下标赋给 k*/
}
if(k! =j){/*如果 k 的值有变化即当前数组元素不是最小值则将 R[k]与 R[j]交换*/
temp=R[j];
R[j]=R[k];
R[k]=temp;
}
}
for(i=0;i<10;i++){
printf("%d ",R[i]);
}
}
```

例 5.20 已知某班级的 10 名同学的基本信息(姓名、性别、年龄、期末考试成绩)现要求对这 10 名同学按期末考试成绩从高分到低分进行排序并输出。

学生的基本信息可用一结构体描述如下:

```
struct student{/*定义代表学生信息的结构体*/
char *name;
char *sex;
int age;
```

```
int score;
｛temp,stu[10] = ｛｛"阳光","男",19,425｝,｛"雨露","女",20,416｝,
｛"大地","男",18,433｝,｛"黑土","男",21,452｝,
｛"白云","女",20,423｝,｛"明月","女",18,409｝,
｛"长河","男",19,431｝,｛"落日","男",20,432｝,
｛"冷漠","女",20,487｝,｛"孤雁","男",21,440｝｝;
main(){
int i,j;
printf("the student information no order:\n");
for(i = 0;i < 10;i ++){
printf("%s %s %d %d\n",stu[i].name,stu[i].sex,stu[i].age,stu[i].score);
}
for(i = 0;i < 10;i ++)
for(j = i + 1;j < 10;j ++){
if(stu[i].score < stu[j].score)
{
temp = stu[j];
stu[j] = stu[i];
stu[i] = temp;
}
}
printf("the student information order:\n");
for(i = 0;i < 10;i ++){
printf("%s %s %d %d\n",stu[i].name,stu[i].sex,stu[i].age,stu[i].score);
}
}
```

5.3.2 查找

在计算机信息处理中查找是经常用到的一种操作,下面介绍的两种查找方法是最简单也是最常用的两种方法。

5.3.2.1 顺序查找

基本思想是:针对需查找的关键字在查找域内顺序比较,直到找到为止,如果查找域比较完毕没有找到该关键字则给出没有找到的提示。

例5.21 从键盘输入任意整数在数组 a 内进行查找,如找到则给出在数组 a 中的位置,没找到则给没有找到的提示。

```
main(){
int x,i,flag = -1;
int a[10] = {21,33,42,53,64,75,16,87,28,39};/*查找域*/
printf("please input a Integer number:");
scanf("%d",&x);
```

```
for( i = 0 ; i < 10 ; i ++ ) {
if( x == a[ i ] ) {
flag = i ;
break ;
}
}
if( flag! = - 1 )
printf( "the position of the number is % d" ,flag + 1 ) ;
else
printf( "the number is not found" ) ;
}
```

5.3.2.2 二分查找

二分查找又称折半查找,是一种高效率的查找方法。但是二分查找要求查找域是一个有序表。它的基本思想是:

设 R[l···h]为当前的查找区间,k 为待查找的数。首先确定该区间的中点位置 mid = (l + h),然后将 k 与 R[mid]进行比较,若相等,则查找成功并返回此位置,否则需确定新的查找区间;若 R{mid}大于 k,则由 R 的有序性可知:R[mid..n].keys 均大于 k,因此若表中存在关键字等于 k 的结点,则该结点必定是在位置 mid 左边的子表 R[1..mid - 1]中,故新的查找区间是左子表 R[1..mid - 1];类似地,若 R[mid].key < k,则要查找的 k 必在 mid 的右子表 R[mid + 1..n]中,即新的查找区间是右子表 R[mid + 1..n]. 下一次查找是针对新的查找区间进行的。因此,我们可以从初始的查找区间 R[1..n]开始,每经过一次与当前查找区间的中点位置上的结点关键字的比较,就可以确定查找是否成功,不成功则当前的查找区间就缩小一半。这一过程重复直至找到关键字为 k 的结点,或者直接当前的查找区间为空(即查找失败)时为止。

例 5.22 在数组 a 中利用二分查找,查找指定的数值 k。

```
main( ) {
int low,height,position,flag = 0,k ;
int a[ 10 ] = {21 ,22 ,32 ,34 ,41 ,45 ,55 ,56 ,75 ,90 } ;
low = 0 ; height = 9 ;
printf( "please input a Integer number:" ) ;
scanf( "% d" ,&k ) ;
while( low < height) {
position = ( low + height)/2 ;
if( a[ position ] == k ) {
flag = 1 ;
break ;
}
else
if( a[ position ] > k )
height = position ;
```

```
else
low = position;
}
if( flag == 1 )
  printf(" the position of the number is % d" ,position + 1 ) ;
  else
  printf(" the number is not found" ) ;
}
```

5.3.3 插入

插入是指在现有的数据记录中插入一个新的记录，在 C 语言中是通过将插入位置的元素依次后移实现的。

例 5.23 从键盘任意输入一个数 k 以及这个数需插入的位置 p，然后将其插入到已知数组 a 的 p 位置。

```
main( ) {
int k,p,i,a[ 10 ] = {12,13,14,42,21,23,40,80,65} ;
printf(" please input inserted number and position(0 - 9) :" ) ;
scanf(" % d% d" ,&k,&p) ;
/* 验证插入位置的正确性 */
while( 1 ) {
if( p < 0 ‖ p > 9) {
printf(" the position is error \n" ) ;
printf(" please input inserted number and position(0 - 9) : again\n" ) ;
scanf(" % d% d" ,&k,&p) ;
}
else
break;
}
for( i = 9;i > p;i -- ) {
a[ i ] = a[ i - 1];/* 从指定的插入位置将元素依次后移 */
}
a[ p ] = k;/* 将待插入的元素放在指定位置 */
/* 输出插入新元素后的元素 */
printf(" output the new numbers is : " ) ;
for( i = 0;i < 10;i ++ ) {
printf(" % d " ,a[ i ]) ;
}
}
```

例 5.24 在有序数组 a 中插入一个元素，使插入后的数组依然有序。

```
main( ) {
```

```
int i,k,flag,a[10] = {12,21,32,43,54,65,76,87,98};
printf("please input the insert number:");
scanf("%d",&k);
for(i=0;i<9;i++){
if(a[i]>k){
    break;/*找到插入位置则强制退出程序*/
}
}
flag = i;/*将插入位置赋给 flag*/
for(i=9;i>flag;i--){
    a[i] = a[i-1];
}
a[flag] = k;/*将待插入数放到指定位置*/
printf("output the new numbers is:");
for(i=0;i<10;i++){
printf("%d ",a[i]);
}
}
```

5.3.4 删除

在 C 语言中对于删除操作是将从删除位置之后的所有元素依次向前移动一位,通过覆盖被删除的元素达到删除的目的。例如要删除数组 R 中第 3 个元素,则将 R 从第四个元素起的所有后续元素依次前移一个位置。

例 5.25 在数组 R 中删除指定位置 p 的元素。

```
main(){
int i,p,R[10] = {12,23,34,45,56,67,78,89,90,100};
/*判定删除位置是否有效,如有效则继续执行,否则重新输入*/
while(1){
printf("please input delete position(0-9):");
scanf("%d",&p);
if(p>9 || p<0)
printf("position error! \n");
else
break;
}
/*删除指定位置元素*/
for(i=p;i<10;i++){
R[i] = R[i+1];
}
printf("the number after deleted is:");
```

```
for( i = 0 ; i < 9 ; i ++ ) {
printf( "% d ",R[ i ]) ;
}
}
```

例 5.26　在数组 R 中删除指定元素值 k 的元素。

```
main( ) {
int i,k,flag,R[ 10 ] = { 12,23,34,45,56,67,78,89,90,100 } ;
printf( "please input delete number:" ) ;
scanf( "% d" ,&k ) ;
for( i = 0 ; i < 10 ; i ++ ) {
if( R[ i ] == k )
break ;
}
if( i == 10 ) {
printf( "the number is not found" ) ;
exit( ) ;
}
else
flag = i ;
for( i = flag ; i < 10 ; i ++ ) {
R[ i ] = R[ i + 1 ] ;
}
printf( "the number after deleted is:" ) ;
for( i = 0 ; i < 9 ; i ++ ) {
printf( "% d ",R[ i ]) ;
}
}
```

5.4　实训

本节通过一个应用程序的编制,对本章内容进行实践性总结。

5.4.1　实训目的

(1) 应掌握的内容。应掌握的内容主要有:

1) 循环的基本用法;

2) C 语言的程序流程图。

(2) 应了解的内容。应了解的内容主要是 C 语言的输出函数。

(3) 应熟悉的内容。应熟悉的内容主要是循环的嵌套。

5.4.2 实训理论基础

（1）实训中的理论。实训中的理论主要是循环的基本原理。

（2）实训的注意事项。主要注意嵌套循环的执行流程。

5.4.3 程序调试实训内容与要求

（1）分析程序的输出结果；

（2）寻找可能的规律，将问题分类总结。

5.4.4 程序设计实训内容与要求

（1）实训内容与要求。

实训题目1：编制一个显示如下图形的应用程序。

```
      *
    * * *
  * * * * *
* * * * * * *
  * * * * *
    * * *
      *
```

程序参考代码如下：

```
main( ) {
int i,j,k;
for( i = 1 ; i <= 4 ; i ++ )
    {
    for( k = 4 - i ; k >= 0 ; k -- )
    printf( "  " ) ;
    for( j = 1 ; j <= i * 2 - 1 ; j ++ )
    printf( " * " ) ;
    printf( " \n" ) ;
    }
    for( i = 3 ; i >= 1 ; i -- )
    { for( k = 4 - i ; k >= 0 ; k -- )
        printf( "  " ) ;
        for( j = 2 * i - 1 ; j >= 1 ; j -- )
        printf( " * " ) ;
    printf( " \n" ) ;
    }
}
```

实训题目 2：

编制应用程序满足如下要求：在 1000 ~ 5000 之间找出这样的数，它的千位加上百位恰好等于十位加上个位，并且输出满足这种条件的数的个数。

参考代码如下：

```
main( )
{
int i,a,b,c,d,sum = 0;
for( i = 1000 ;i <= 5000 ;i + + )
{
a = i/1000 ;
b = i/100 % 10 ;
c = i % 100/10 ;
d = i % 10 ;
if( ( a + b) = = ( c + d) )
{
sum + + ;
printf( "% d ",i) ;
}
}
printf( "the number of the condition is :% d ",sum) ;
}
```

（2） 总结实训体会。

小　　结

本章介绍了编制 C 应用程序的基本方法，包括算法的概念、算法的组成要素与算法的描述方法；结构化程序设计及其流程图的描述方法。通过应用程序实例，介绍了编制 C 应用程序的基本思路。同时借助于前面章节所学的数组、结构体知识进行了相应应用程序的编制。

习　　题

一、选择题

（1） 结构化程序设计所规定的三种基本控制结构是（　　）

　　　A. 输入、处理、输出　　　　B. 树形、网形、环形

　　　C. 顺序、选择、循环　　　　D. 主程序、子程序、函数

（2） 以下程序中，while 循环的循环次数是（　　）

```
main( )
{ int i = 0;
  while( i < 10)
  { if( i < 1) continue;
```

```
    if( i ==5) break;
    i ++ ;
}
   ⋮
}
```

　　A. 1　　　　　　　　　　　　B. 10
　　C. 6　　　　　　　　　　　　D. 死循环，不能确定次数

（3）以下程序的输出结果是（　）

```
main( )
{ int a =0,i;
 for( i =1;i <5;i ++ )
{ switch( i )
 { case 0:
  case 3:a + =2;
 case 1:
 case 2:a + =3;
 default:a + =5;
}
}
printf( "% d\n",a) ;
 }
```

　　A. 31　　　　B. 13　　　　C. 10　　　　D. 20

（4）以下程序的输出结果是（　）

```
#include  < stdio. h >
main( )
{ int i =0,a =0;
 while( i <20)
 { for( ;;)
{ if( ( i% 10) ==0) break;
else i -- ;
}
i + =11; a + =i;
 }
printf( "% d\n",a) ;
 }
```

　　A. 21　　　　B. 32　　　　C. 33　　　　D. 11

（5）以下程序的输出结果是（　）

```
main ( )
{ int b [3] [3]  =  {0, 1, 2, 0, 1, 2, 0, 1, 2}, i, j, t =1;
 for (i =0; i <3; i ++ )
for (j =i; j <=i; j ++ ) t =t +b [i] [b [j] [j]];
printf ("% d\ n", t);
```

```
}
```

　　　A. 3　　　　　　B. 4　　　　　　C. 1　　　　　　D. 9

（6）以下程序的输出结果是（　　）

```
#include  < stdio. h >
#include  < string. h >
main( )
{ char b1[8] = "abcdefg",b2[8], *pb = b1 + 3;
while ( --pb > = b1) strcpy(b2,pb);
printf("%d\n",strlen(b2));
}
```

　　　A. 8　　　　　　B. 3　　　　　　C. 1　　　　　　D. 7

二、填空题

（1）若从键盘输入 58，则以下程序输出的结果是（　　）

```
main( )
{ int a;
scanf("%d",&a);
if(a > 50) printf("%d",a);
if(a > 40) printf("%d",a);
if(a > 30) printf("%d",a);
}
```

（2）以下程序的输出结果是（　　）

```
main( )
{int s,i;
for(s = 0,i = 1;i < 3;i ++ ,s + = i);
printf("%d\n",s);
}
```

（3）以下函数的功能是:求 x 的 y 次方,请填空。

```
main( )
{ int i,x,y;
scanf("%d%d",&x,&y);
double z;
for(i = 1, z = x; i < y;i ++ ) z = z* _____;
return z;
}
```

（4）以下程序运行后的输出结果是（　　）

```
main( )
{ char s[] = "9876", *p;
for (p = s ; p < s + 2 ; p ++ ) printf("%s\n", p);
}
```

(5) 设有以下程序：

```
main( )
{ int n1,n2;
scanf("%d",&n2);
while(n2! =0)
{ n1 = n2%10;
n2 = n2/10;
printf("%d",n1);
}
}
```

程序运行后，如果从键盘上输入 1298；则输出结果为（　　）。

三、程序设计

(1) 输入一行字符，分别统计出其中英文字母、空格、数字和其他字符的个数。

(2) 有一分数序列

1/2，3/2，5/3，8/5，13/8，21/13…

求出这个数列的前 20 项之和。

6 模块化程序设计

本章主要讲述 C 程序的结构化设计及其实现方法。内容包括结构化设计的基本理念，函数的定义与说明、函数的调用方法、函数的参数传递方式以及变量、编译预处理的相关知识。

学习目标：

（1）结构化设计的基本理念；

（2）函数的定义、说明与调用；

（3）函数的参数调用；

（4）变量的类型及其作用域；

（5）编译预处理。

6.1 C 程序结构

C 语言的源程序是由函数组成的，虽然前面各章节中的程序大都是由一个主函数 main（）构成，但实用程序往往由多个函数组成。函数是 C 源程序的基本模块，通过对函数模块的调用实现特定的功能。C 语言中的函数相当于其他高级语言的子程序。

6.1.1 结构化设计

结构化程序设计的基本思想是采用"自顶向下，逐步求精"的程序设计方法和"单入口单出口"的控制结构。自顶向下、逐步求精的程序设计方法从问题本身开始，经过逐步细化，将解决问题的步骤分解为由基本程序结构模块组成的结构化程序框图；"单入口单出口"的思想认为一个复杂的程序，如果它仅是由顺序、选择和循环三种基本程序结构通过组合、嵌套构成，那么这个新构造的程序一定是一个单入口单出口的程序。据此就很容易编写出结构良好、易于调试的程序来。

6.1.2 C 语言中结构化设计的实现方式

C 语言的结构化设计是通过将功能模块用一个个函数来描述而实现的，在 C 语言中程序由一个或多个源文件组成，而一个 C 的源文件则由一个或多个函数组成。但是 C 语言一个源程序不论由多少个文件组成，都有一个且只能有一个 main 函数，即主函数。源程序中可以有预处理命令（include 命令仅为其中的一种），预处理命令通常应放在源文件或源程序的最前面。

6.2 函数的定义与说明

从前面章节的学习过程中我们知道，C 语言函数分为库函数与用户自定义函数，库函数是系统为我们定义好的函数，只要掌握其用法我们就可以正常使用了。但是对于用户自定义函数，我们必须先给出其定义与说明，然后编制具体的功能模块才能使用。

6.2.1 函数的定义

函数的定义分为无参函数定义与有参函数定义两种，分别如下：

6.2.1.1　无参函数定义

基本形式如下：

类型标识符　函数名（）

{

声明部分

可执行语句

}

其中类型标识符和函数名称为函数头。类型标识符指明了本函数的类型，函数的类型实际上是函数返回值的类型。其中"类型标识符"与前面介绍的各种说明符相同。函数名是由用户定义的标识符，原则上名字可以是符合 C 语法规定的任何标识符，但最好符合见名知意的原则。函数名后有一个空括号，其中无参数，但括号不可少。{} 中的内容称为函数体。在函数体中声明部分，是对函数体内部所用到的变量的类型说明。在很多情况下都不要求无参函数有返回值，此时函数类型符可以写为 void。

例6.1　定义一个输出特定字符串的函数

void print( )

{

char * str = " hello world" ;

puts(str) ;

}

当函数在主函数 main 中被调用时输出"hello world"，main 函数调用 print 函数方式如下：

main( ) {

print( ) ;

}

6.2.1.2　有参函数定义

基本形式如下：

类型标识符　函数名（形参列表）

{

声明部分

可执行语句

}

对于形参列表在 C 函数中有两种表示方式分别为：

（1）类型标识符　函数名（形参1，形参2……）

类型标识符　形参1；类型标识符　形参2；……

{

声明部分

可执行语句

}

（2）类型标识符　函数名（类型标识符　形参1，类型标识符　形参2……）

{

声明部分

可执行语句

}

在进行函数调用时，主调函数将赋予这些形式参数实际的值。形参既然是变量，必须在形参表中给出形参的类型说明。

例 6.2 编写函数求两个整形数的和。代码如下：

```
int add(x,y)                        int add(int x,int y)
int x;int y;                        {
{                                       int sum;
    int sum;                            sum = x + y;
    sum = x + y;                        return sum;
    return sum;                     }
}                                   main( ){
main( ){                                int sum;
    int sum;                            sum = add(5,8);
    sum = add(5,8);                     printf("sum = % d",sum);
    printf("sum = % d",sum);        }
}
     代码1:形参使用方式1                代码2:形参使用方式2
```

6.2.2 函数的说明

在例 6.2 中我们是先定义的子函数且子函数返回值的类型是 int 型，然后定义主函数。在使用子函数时是直接在主函数中调用子函数。但是如果我们是先定义的主函数再定义子函数，而且子函数如果不是 int 或 char 型的话，那么在主函数中直接调用子函数则会报错。这时要求在调用函数中要对子函数进行说明，格式如下：

类型说明符 被调函数名（类型 形参，类型 形参…）；或

类型说明符 被调函数名（类型，类型…）；

括号内给出了形参的类型和形参名，或只给出形参类型。这便于编译系统进行检错，以防止可能出现的错误。

例 6.3 定义一个求两个 float 型数据相加的 add 函数，然后在 main 函数中调用它。

```
main( ){
float add(float x,float y);
float sum;
sum = add(5.0,8.0);
printf("sum = % d",sum);  }
float add(float x,float y)
{
float sum;
sum = x + y;
return sum;  }
```

C 语言中又规定在以下几种情况时可以省去主调函数中对被调函数的函数说明：

（1）如果被调函数的返回值是整型或字符型时，可以不对被调函数作说明，而直接调用。这时系统将自动对被调函数返回值按整型处理。

（2）当被调函数的函数定义出现在主调函数之前时，在主调函数中也可以不对被调函数再作说明而直接调用。例如例 6.1。

（3）如在所有函数定义之前，在函数外预先说明了各个函数的类型，则在以后的各主调函数中，可不再对被调函数作说明。如例 6.4 所示。

例 6.4 编写函数比较两个数大小，并返回其中较大者。

```
float compare(float x,float y);
main(){
float x,y,max;
printf(" please input two float number:");
scanf(" % f% f" ,&x,&y);
max = compare(x,y);
printf(" max = % f" ,max) ;
}
float compare(float x,float y){
float max;
max = x;
if(y > max)
max = y;
return max;
}
```

6.2.3 函数的调用

函数作为一个功能模块，如果没有任何其他的函数调用它，那么它将永远不会获得执行，只有当某个函数调用它后，它的功能才得以体现，函数调用的基本形式如下：

函数名（实际参数表）

对无参函数调用时则无实际参数表。对于有参函数，实际参数表中的参数可以是常数，变量或其他构造类型数据及表达式，各实参之间用逗号分隔。

在 C 语言中根据函数的类型和功能的不同，函数的调用方式有如下几种：

（1）函数表达式。在这种方式中函数作为表达式中的一项出现在表达式中，以函数返回值参与表达式的运算。这种方式要求函数是有返回值的。

例如，例 6.4 中的 max = compare(x,y)；把 compare 中的返回值赋给 max。

（2）函数语句。函数调用的一般形式加上分号即构成函数语句。这种方式一般无函数返回值。如例 6.1 中的 print()；

（3）函数实参。函数作为另一个函数调用的实际参数出现，这种情况是把该函数的返回值作为实参进行传送，因此要求该函数必须是有返回值的。例如：例 6.4 中可以对函数 compare 的返回值直接进行输出：printf(" max = % f" ,compare(x,y)) ；

例 6.5 编写函数判断任意给定的整数是否为素数。

判断一个数 m 是否为素数的方法是：看这个数 m 能否被 2 到 sqrt(m)（m 的平方根）之间的任意整数整除，如果能则 m 不是素数，如果不能则 m 是素数。

```c
#include "math. h"
int sushu(int m){
int k,i;
k = (int) sqrt(m);
for(i =2;i < = k;i ++)/* 如果一个数不能被 2 到它的平方根之间的所有数整除则为素数*/
if(m% i ==0)break;
if(i > = k +1)
return 1;
else
return 0;
}
main(){
int m,flag;
printf("please input a Integer number:");
scanf("% d",&m);
flag = sushu(m);
if(flag ==1)
printf("% d is a prime number\n",m);
else
printf("% d is not a prime number\n",m);
}
```

程序专门定义了一个判断素数的函数 sushu，在该函数中 k 的值为 m 的平方根以它作为循环的终值在 2—k 区间内对 m 进行整除。然后根据 i 的值与 k +1 的值的比较结果进行判断，如果 i > = k +1 则表示在整个循环执行过程中 if(m% i ==0)break；语句始终没有被执行到，也就是说，m 没有被 2—k 区间内的数整除，此时 m 为素数，函数的返回值 1。否则，m 为非素数，函数返回值为 0。在主函数中调用函数 sushu 时，根据其返回值即可判定其是否为素数。

6.3 函数的参数

函数的参数分为形参和实参两种，形参就是在定义函数时函数名后面括号中的变量即形参列表中的各个变量。形参在整个函数体内都可以使用，离开该函数则不能使用。实参出现在主调函数中，在主调函数中调用一个函数时，函数名后面括号中的参数称为实际参数，它主要负责向形参传递值或实参的地址。发生函数调用时，主调函数把实参的值或地址传送给被调函数的形参，从而实现主调函数向被调函数的数据传送。

6.3.1 函数的传值调用

函数的形参和实参在传值调用时有以下特点：

（1）形参变量只有在被调用时才分配内存单元，在调用结束时，即刻释放所分配的内存单元。因此，形参只在函数内部有效。函数调用结束返回主调函数后则不能再使用该形参变量。

（2）实参可以是常量、变量、表达式、函数等，无论实参是何种类型的量，在进行函数调用时，它们都必须具有确定的值，以便把这些值传送给形参。因此应预先用赋值、输入等办法使实参获得确定值。

（3）实参和形参在数量、类型、顺序上应严格一致，否则会发生类型不匹配的错误。

（4）函数调用中发生的数据传送是单向的。即只能把实参的值传送给形参，而不能把形参的值反向地传送给实参。因此在函数调用过程中，形参的值发生改变，而实参中的值不会变化。

例 6.6　定义一个函数 swap 采用值传递方式交换形参的值。

```
void swap(int x,int y)
{
int temp;
temp = x;
x = y;
y = temp;
printf("x,y in function x = % d,y = % d\n",x,y);
}
main()
{
int x = 5,y = 8;
printf("before swap x = % d,y = % d\n",x,y);
swap(x,y);
printf("after swap x = % d,y = % d\n",x,y);
}
```

程序中分别给出了三个输出，第一个是调用 swap 函数前输出 x，y；第二个输出是在函数 swap 执行完交换功能后在其内部输出 x，y；最后一个是在函数 swap 执行后进行输出。通过输出结果我们可以看到：只有 printf("x,y in function x = % d,y = % d\n",x,y)；即函数内部的输出语句的输出结果是"……x = 8，y = 5"，其余两个输出结果都是"……x = 5，y = 8"，并没有达到预期的实参 x，y 的交换目的。原因是该程序中的实参与形参的传递方式是值传递方式，形参的改变并不能改变实参的值。具体交换过程如图 6-1 所示。

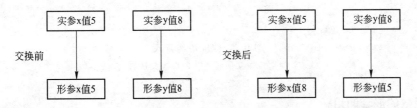

图 6-1　形参与实参交换过程

如果要想真正达到交换目的，那么形参与实参的传递方式就要由值传递方式改为地址传递方式。修改后的代码如下：

例 6.7　定义一个函数 swap 采用地址传递方式交换形参的值。

```
void swap(int *x,int *y)
{
int temp;
temp = *x;
*x = *y;
*y = temp;
printf("x,y in function x = %d,y = %d\n",*x,*y);
}
main()
{
int x = 5,y = 8;
printf("before swap x = %d,y = %d\n",x,y);
swap(&x,&y);
printf("after swap x = %d,y = %d\n",x,y);
}
```

　　函数 swap 中的形参与实参使用的是地址传递方式，这时实参与形参使用的是同一个内存地址空间，形参与实参任何一方的改变都会改变对方的值。具体的传递方式如图 6-2 所示。

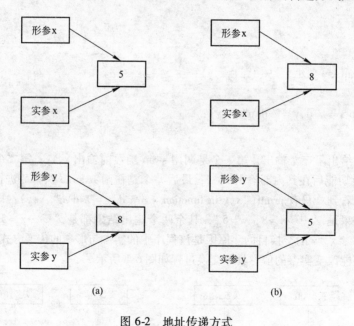

图 6-2　地址传递方式
（a）x，y 交换前；（b）x，y 交换后

6.3.2　函数的嵌套调用

　　C 语言的函数定义是互相平行、独立的，也就是说，C 的函数定义是不允许出现嵌套的，但 C 语言允许在一个被调函数中又调用另外一个函数，即函数的调用允许嵌套。

　　其关系可如图 6-3 所示。

　　执行过程是这样的：main 函数开始执行后，当执行到调用 a 函数语句时，即转去执行 a 函

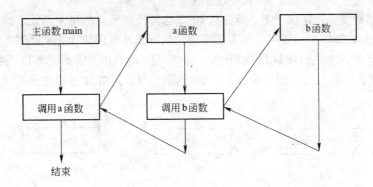

图 6-3　函数嵌套调用关系图

数，在 a 函数执行过程中调用 b 函数时，又转去执行 b 函数，b 函数执行完毕后返回 a 函数的断点继续执行，a 函数执行完毕返回 main 函数的断点继续执行。

例 6.8　计算 $s = 2^3! + 3^3!$

```
long f1(int p)
{
  int k;
  long r;
  long f2(int);
  k = p * p * p;
  r = f2(k);
  return r;
}
long f2(int q)
{
  long c = 1;
  int i;
  for(i = 1; i <= q; i++)
    c = c * i;
  return c;
}
main()
{
  int i = 2;
  long s = 0;
  while(i <= 3) {
    s = s + f1(i);
    i++;
  }
printf("\ns = %ld\n", s);
}
```

　　程序执行过程如下：在程序中，函数 f1 和 f2 均为长整型，都在主函数之前定义，故不必再在主函数中对 f1 和 f2 加以说明。在主程序中，执行循环程序依次把 i 值作为实参调用函数 f1 求 i^3 值。在 f1 中又发生对函数 f2 的调用，这时是把 i^3 的值作为实参去调 f2 函数，在 f2 中完成求 i^3！的计算。f2 执行完毕把 C 值（即 i^3！）返回给 f1，再由 f1 返回主函数实现累加。如图6-4 所示。

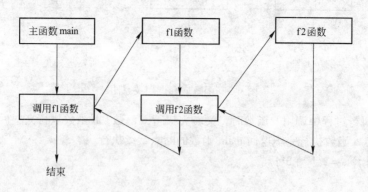

图 6-4　例 6.8 函数调用关系图

6.3.3　函数的递归调用

　　在调用一个函数的过程中又出现直接或间接的调用该函数本身，称为函数的递归调用。递归调用函数是 C 语言的主要特点之一。例如：

```
int function(int x)
{
int z;
z = function(x);
return z/2;
}
```

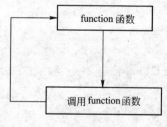

图 6-5　函数直接递归调用

　　在该例中，任何调用 function 的函数在调用 function 过程中又要调用 function，这种调用方法就是直接递归调用，调用过程如图6-5 所示。

　　从图6-5 可知，function 函数将会无休止地被调用，这在程序设计中是不可取的，在实际应用中必须设置条件以终止递归调用。一般是用 if 语句来控制，只有在某一条件成立时才继续执行递归调用，否则就不再继续。

　　例 6.9　某养殖场共有 5 间大小不等兔舍，某参观者问管理员第五间兔舍有几只兔子，管理员回答比第四间多20 只。问第四间有多少只，回答比第三间多20 只。问第三间有多少只，回答比第二间多20 只。问第二间有多少只，回答比第一间多20 只。最后问第一间有多少只，回答 100 只。请问第五间有多少只兔子。

　　很显然这是一个递归的例子，要想知道第五间兔舍有多少只兔子必须知道第四间有多少只，而第四间也不知道，要求第四间必须知道第三间。而第三间的兔子数量又取决于第二间，第二间的数量取决于第一间。且每一间都相差20，即：

amount(5) = amount(4) + 20

amount(4) = amount(3) + 20

amount(3) = amount(2) + 20

amount(2) = amount(1) + 20

amount(1) = 100

数学公式描述如下：

$$amount(n) = \begin{cases} 100 & n = 1 \\ amount(n-1) + 20 & n > 1 \end{cases}$$

通过分析我们知道该例递归的终止条件是 amount（1）= 100，我们可以使用一个函数来描述上述递归过程，代码如下：

```
int amount(int num)
{
  int C;
  if(num == 1)
{
  C = 100;
}
  else
  C = amount(num - 1) + 20;
  return C;
}
main()
{
  int count5;
  count5 = amount(5);
  printf("the fifth number is %d",count5);
}
```

程序具体执行过程如图6-6所示。

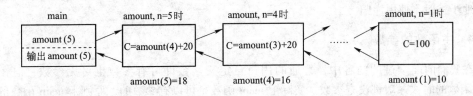

图 6-6　例 6.9 递归执行过程

例 6.10　用递归方法求 n!。

由阶乘的求解公式可知 5! = 4! × 5，4! = 3! × 4……。可以用下面的公式来表示这种关系：

$$n! \begin{cases} 1 & n = 0,1 \\ n \cdot (n-1)! & n > 1 \end{cases}$$

程序代码如下：

```
long ff( int n)
{
long f;
if( n < 0)  printf( "n < 0,input error" ) ;
else if( n == 0 || n == 1) f = 1;
else f = ff( n - 1) * n;
return( f) ;
}
main( )
{
int n;
long y;
printf( " \ninput a inteager number:\n" ) ;
scanf( "% d" ,&n) ;
y = ff( n) ;
printf( "% d! = % ld" ,n,y) ;
}
```

程序具体执行过程如图 6-7 所示。

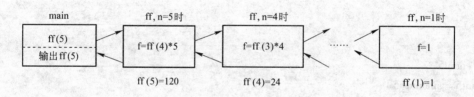

图 6-7　例 6.10 执行过程

应用递归在程序设计的时候能够使程序代码简单，复杂的程序通过简单的代码即可实现。但缺点是它会消耗较多的内存和运行时间，效率不高。所以除非到了问题不使用递归就解决不了的地步一般不使用递归。

6.3.4　主函数的参数

在我们前面学过的内容中，普通的用户自定义函数即可有参数也可无参数，但在使用 main 函数的时候一般都没有参数。实际上 main 函数是可以有参数的，原则上 main 函数的参数可以是任意类型，可以有任意多个。例如：

```
main( int x) {
x = 10;
printf( "% d" ,x) ;
}
```

但是这种用法，在实际应用中不能在 main 函数外部赋给参数值，在这里我们有必要讨论一下 main 函数执行时的问题。C 程序经过编译、链接后成为一个 exe 文件，系统在执行这个

exe 文件时，main 函数才被调用，也就是说，如果想让 main 函数的形参动态地得到值，只有在程序执行时赋给它的值才是动态的。对此 C 语言专门给出了一个 main 函数的参数形式，如下所示：

main(int argc,char * argv[ ])

其中 argc 是一个整型数据，它记录参数的实际个数；* argv[ ]是一个字符串数组，记录的是参数的实际内容。在应用时，我们执行 C 程序的 exe 文件可以给出任意多个字符串参数，形式如下：

命令名　参数 1　参数 2　……参数 n

例 6.11　输出 C 程序可执行文件的命令行参数

```
main( int argc,char * argv[ ]){
while( argc >1)
{
 + + argv;
printf( "% s\n", * argv);
 − − argc;
 }
}
```

程序执行时需单独执行 6.11.exe 在命令行中输入：

6.11 hello jltc↙

这时程序会　　输出 hello jltc。

程序执行时字符指针数组的存储情况如图 6-8 所示。

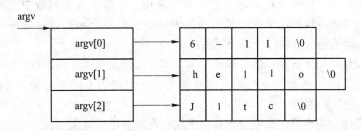

图 6-8　argv 的存储情况

6.4　变量的作用域

变量的作用域指的是变量的有效区间，在讨论函数的形参变量时我们曾经提到，形参变量只在被调用期间才分配内存单元，调用结束立即释放。这一点表明形参变量只有在函数内才是有效的，离开该函数就不能再使用了。不仅对于形参变量，C 语言中所有的量都有自己的作用域。变量说明的方式不同，其作用域也不同。C 语言中的变量，按作用域范围可分为两种，即局部变量和全局变量。

局部变量也称为内部变量。局部变量是在函数内或复合语句内作定义说明的。其作用域仅限于函数内或复合语句内，离开该函数后或复合语句再使用这种变量是非法的。例如：

例 6.12　局部变量应用实例 1

```
main( )
{
int x = 3;
printf("the first x = % d",x);/*第一个输出语句*/
    {
    int x = 8;
    int y = 9;
    printf("the second x = % d",x);/*第二个输出语句*/
    }
printf("the last x = % d",x);/*最后一个输出语句*/
/* printf("y = % d",y); */
}
```

本例中变量主函数内定义的变量 x 属于主函数内的局部变量，它的作用域是整个主函数。所以第一个输出语句 printf("the first x = % d",x); 输出的结果是"the first x = 3"。但是在第二个输出语句中，由于复合语句内也定义了一个变量 x，这时它会将第一个 x 覆盖掉，所以输出的结果是"the second x = 8"。复合语句执行完毕后，其内定义的 x 变量作用域也将结束。到第三个输出语句时有效的还是第一个定义的 x，所以第三个输出语句输出的结果是："the last x = 3"。至于在复合语句内定义的变量 y，读者不妨自己实验一下，将注释语句注释拿掉，看能否在复合语句外输出。结果是不可以的，因为它的作用域在复合语句外已经结束，这时程序会报错。

关于局部变量的作用域还要说明以下几点：

（1）主函数中定义的变量也只能在主函数中使用，不能在其他函数中使用。同时，主函数中也不能使用其他函数中定义的变量。因为主函数也是一个函数，它与其他函数是平行关系。这一点是与其他语言不同的，应予以注意；

（2）形参变量是属于被调函数的局部变量，实参变量是属于主调函数的局部变量；

（3）允许在不同的函数中使用相同的变量名，它们代表不同的对象，分配不同的单元，互不干扰，也不会发生混淆；

（4）在复合语句中也可定义变量，其作用域只在复合语句范围内；

例 6.13　局部变量应用实例 2

```
void fac( )
{
int a = 5,b = 6;
printf("in fac a = % d b = % d\n",a,b);
}
main( )
{
int a = 1,b = 2;
fac( );
printf("in main a = % d b = % d",a,b);
}
```

在本例中函数 fac 与主函数都定义了局部变量 a、b。在函数 fac 内定义的 a、b 只有在 fac 内有效，所以输出的结果是：a = 5 b = 6；而在主函数中定义的变量 a、b 也只有在主函数内才能有效，所以输出结果 a = 1 b = 2。

从变量的作用域（即从空间）角度来分，可以分为全局变量和局部变量，从另一个角度变量值存在的时间（即生存期）角度来分，变量可以分为静态变量和动态变量两种。

6.4.1 动态变量

动态变量是指在程序运行期间，根据需要进行动态地分配存储空间的一种变量。动态变量在 C 语言中有个专门的修饰符 auto，但是这个修饰符是可以省略的。在 C 语言函数中的局部变量，如不专门声明为 static 存储类别，都是动态地分配存储空间的，数据存储在动态存储区中。函数中的形参和在函数中定义的变量（包括在复合语句中定义的变量），都属此类，在调用该函数时系统会给它们分配存储空间，在函数调用结束时就自动释放这些存储空间。这类局部变量称为自动变量。

一个 C 语言的应用程序在运行的时候，其存储区可分为如下三种：

（1）程序区；

（2）静态存储区；

（3）动态存储区。

其中动态存储区存储以下数据：

（1）函数形式参数；

（2）自动变量（未加 static 声明的局部变量）；

（3）函数调用时的现场保护和返回地址。

对以上这些数据，在函数开始调用时分配动态存储空间，函数结束时释放这些空间。

在 C 语言中，每个变量和函数有两个属性：数据类型和数据的存储类别。

例 6.14 auto 变量的使用

```
int fac( )
{
auto int c = 3;
c = c + 1;
return c;
}
main( )
{
  int r,x;
  r = fac( );
  x = fac( );
  printf("r = % d,x = % d");
}
```

程序的运行结果是：r = 4，x = 4。从运行结果可以看出，动态变量随着函数的每次调用都会重新初始化一次。所以尽管调用了两次函数但函数返回值不变。

6.4.2　静态变量

在编写程序时，有时希望函数中的局部变量的值在函数调用结束后不消失而保留原值，即其占用的存储单元不释放，在下一次该函数被调用时，该变量已有值，就是上一次函数调用结束时的值。这时就应该指定局部变量为"静态局部变量"，用关键字 static 进行声明。

例 6.15　static 变量应用实例

```
f( int a)
{ auto b = 0;
  static c = 3;
  b = b + 1;
  c = c + 1;
  return( a + b + c);
}
main( )
{ int a = 2, i;
  for( i = 0; i < 3; i ++ )
printf( "第%d 次调用函数 f 的返回值%d\n", i + 1, f( a));
}
```

在主函数第一次调用函数 f 时 b 的值为 1，c 的值为 4；第二次调用时，由于 b 为局部变量，所以它的值重新初始化加 1 后仍然为 1，但由于 c 是静态局部变量，它上次函数调用时的值 4 被保留了下来，所以本次加 1 后值变为 5。第三次调用时 b 的值还是 2 没有改变，c 的值再次加 1 变为 6。a 由于是形参，所以它的值一直保持不变。最终程序调用三次函数后返回的值分别为：7、8、9。

对于静态变量在使用的时候需注意以下几点说明：

（1）静态局部变量属于静态存储类别，在静态存储区内分配存储单元。在程序整个运行期间都不释放。而自动变量（即动态局部变量）属于动态存储类别，占动态存储空间，函数调用结束后即释放；

（2）静态局部变量在编译时赋初值，即只赋初值一次；而对自动变量赋初值是在函数调用时进行，每调用一次函数重新给一次初值，相当于执行一次赋值语句；

（3）如果在定义局部变量时不赋初值的话，则对静态局部变量来说，编译时自动赋初值 0（对数值型变量）或空字符（对字符变量）。而对自动变量来说，如果不赋初值则它的值是一个不确定的值。

例 6.16　利用静态变量求某变量的 2～5 次方的值。

```
long int f( int a)
{
  static int n = 2;
  int i;
  long int result = 0, x = 1;
  for( i = 0; i < n; i ++ )
  {
```

```
x* = a;
}
n + = 1;
result = x;
return result;
}
main( )
{
int x,i;
printf("please input a Integer number(less than 5):");
scanf("%d",&x);
for(i = 2;i < 6;i ++ )
printf("%d 的%d 次方值为:%d\n",x,i,f(x));
}
```

每次调用函数 f 的时候 n 的值都加 1,变量 a 乘以自身的次数就加 1。所以每次都返回 a 的次方都大 1。

在使用静态变量的时候应当注意,静态变量长期占用内存不释放,这降低了程序的可读性,当调用次数多时往往弄不清静态局部变量的当前值是什么。因此,若非必要轻易不要使用静态变量。

6.4.3 外部变量

外部变量(即全局变量)是在函数的外部定义的,它的作用域为从变量定义处开始,到本程序文件的末尾。如果外部变量不在文件的开头定义,其有效的作用范围只限于定义处到文件终了。如果在定义点之前的函数想引用该外部变量,则应该在引用之前用关键字 extern 对该变量作"外部变量声明"。表示该变量是一个已经定义的外部变量。有了此声明,就可以从"声明"处起,合法地使用该外部变量。

例 6.17 全局变量应用案例 1

```
int x = 5,y = 8;
void   fac( )
{
x + = 1;
y + = 1;
printf("x = %d,y = %d\n",x,y);
}
main( )
{
fac( );
x + = 1;
y + = 1;
printf("x = %d,y = %d",x,y);
}
```

在本例中，在程序的开始处定义了两个外部变量（全局变量）x、y 值分别为 5 和 8，然后在函数 fac 中 x 与 y 分别自加 1，然后打印输出 x 与 y 的值。在主函数中调用 fac 后又让 x 和 y 分别再自加 1，然后打印输出。输出结果分别为：" x = 6，y = 9 "、" x = 7，y = 10 "。从输出结果可知在函数 fac 和 main 中全局变量均有效，都是 x、y 的作用域。

例 6.18　全局变量应用案例 2（使用 extern 声明全局变量）

```
int max( int x, int y)
{int z;
z = x > y? x:y;
return(z);
}
main( )
{extern A,B;
printf( " % d\n", max( A,B) );
}
int A = 11,B = - 4;
```

在本例中，我们在程序的最后声明的全局变量 A、B 所以不能在函数中直接使用，如果在主函数中使用它必须用 extern 关键字加以说明。

6.5　编译预处理

在前面各章学习中，我们多次使用过以 "#" 号开头的预处理命令。如包含命令#include，宏定义命令#define 等。在源程序中这些命令都放在函数之外，而且一般都放在源文件的前面，它们称为预处理部分。

所谓预处理是指在进行编译的第一遍扫描（词法扫描和语法分析）之前所作的工作。预处理是 C 语言的一个重要功能，它由预处理程序负责完成。当对一个源文件进行编译时，系统将自动引用预处理程序对源程序中的预处理部分作处理，处理完毕自动进入对源程序的编译。

C 语言提供了多种预处理功能，如宏定义、文件包含、条件编译等。合理地使用预处理功能编写的程序便于阅读、修改、移植和调试，也有利于模块化程序设计。

6.5.1　宏替换

在 C 语言源程序中允许用一个标识符来表示一个字符串，称为 "宏"。被定义为 "宏" 的标识符称为 "宏名"。在编译预处理时，对程序中所有出现的 "宏名"，都用宏定义中的字符串去代换，这称为 "宏代换" 或 "宏展开"。宏定义是由源程序中的宏定义命令完成的。宏代换是由预处理程序自动完成的。在 C 语言中，"宏" 分为有参数和无参数两种。下面分别讨论这两种 "宏" 的定义和调用。

6.5.1.1　无参宏定义

无参宏在定义时宏名后不带参数。其定义的一般形式为：

#define　标识符　字符串

其中的 "#" 表示这是一条预处理命令。凡是以 "#" 开头的均为预处理命令。"define" 为宏定义命令。"标识符" 为所定义的宏名。"字符串" 可以是常数、表达式、格式串等。在

C 语言程序设计中常对程序中反复使用的表达式进行宏定义。

例如：#define   PI 3. 1415

　　　#define add（x + y）

例 6. 19　利用宏求解两个数的和，代码如下：

```
#define add（x + y）
main（）
{
int x,y,sum = 0;
printf("please input two Integer number:");
scanf("% d% d",&x,&y);
sum = add;
printf("sum = % d",sum);
}
```

在本例中我们定义了一个宏 add，功能是求解两个整型数 x、y 的和。在程序中应用 add 时会将 add 替换成（x + y）然后赋值给 sum。值得注意的是，宏在替换时只原样替换字符串不会进行相应的运算。例如。

例 6. 20

```
#define add x + y
main（）
{
int x,y,sum;
printf("please input two Integer number:");
scanf("% d% d",&x,&y);
sum = 3 * add + add * add;
printf("sum = % d",sum);
}
```

在本例中我们同样定义了一个 add 宏，但是在定义的时候 x + y 没有加上括号，按照 C 语言中宏的概念只是字符串原样替换。所以 3 * add + add * add 的替换结果为：3 * x + y + x + y * x + y 而并不是预期的 3 * （x + y）+（x + y）* （x + y）。这点在编写程序的时候尤其要注意。

在使用宏的时候以下几点也需要程序员注意。

（1）宏定义是用宏名来表示一个字符串，在宏展开时又以该字符串取代宏名，这只是一种简单的代换，字符串中可以含任何字符，可以是常数，也可以是表达式，预处理程序对它不作任何检查。如有错误，只能在编译已被宏展开后的源程序时发现。

（2）宏定义不是说明或语句，在行末不必加分号，如加上分号则连分号也一起置换。

（3）宏定义必须写在函数之外，其作用域为宏定义命令起到源程序结束。如要终止其作用域可使用# undef 命令。例如：

```
#define PI 3. 1415
main（）
{
```

```
    ……
    }
#undef PI
fac( )
{
    ……
}
```

由于使用了"#undef PI",所以程序中的 PI 只在 main 函数中有效,在 fac 中则无效。

(4) 宏名在源程序中若用引号括起来,则预处理程序不对其作宏代换。例如

```
#define M 20
main( )
{
printf( "M" );
printf( "\n" );
}
```

本例中定义宏名 M 表示 20,但在 printf 语句中 M 被引号括起来,因此不作宏代换。程序的运行结果为 M,这表示把"M"当字符串处理。

(5) 宏定义允许嵌套,在宏定义的字符串中可以使用已经定义的宏名。在宏展开时由预处理程序层层代换。例如:

```
    #define PI 3. 1415926
    #define S PI * y * y
            如果有语句 printf( "%f" ,S);
        则在宏替换后变为:
            printf( "%f" ,3. 1415926 * y * y);
```

(6) 习惯上宏名用大写字母表示,以便于与变量区别。但也允许用小写字母。

(7) 可用宏定义表示数据类型,使书写方便。例如:

```
  #define STU struct stu
  在程序中可用 STU 作变量说明:
  STU body[5] , * p;
```

(8) 对"输出格式"作宏定义,可以减少书写麻烦。例如:

例 6. 21　使用宏作格式定义。

```
#define P printf
#define D "%d\n"
#define F "%f\n"
main( ){
int a = 5, c = 8, e = 11;
float b = 3. 8, d = 9. 7, f = 21. 08;
P( D F,a,b);
```

P(D F,c,d);

P(D F,e,f);

}

6.5.1.2 带参宏定义

C 语言允许宏带有参数。在宏定义中的参数称为形式参数，在宏调用中的参数称为实际参数。对带参数的宏，在调用中，不仅要宏展开，而且要用实参去代换形参。带参宏定义的一般形式为：

#define 宏名(形参列表) 字符串

在字符串中含有形参列表中的各个形参。例如

#define N(x) x*x + 3*x

带参宏调用的一般形式为：

宏名(实参表);

例如：

k = N(5);

在宏调用时，用实参 5 去代替形参 y，经预处理宏展开后的语句为：

k = 5*5 + 3*5

例 6.22 使用带参宏求解两个数中的较大者

#define MAX(a,b) (a > b)? a:b

main( ){

int x,y,max;

printf(" input two numbers: ");

scanf("% d% d",&x,&y);

max = MAX(x,y);

printf(" max = % d\n",max);

}

本例程序的第一行进行带参宏定义，用宏名 MAX 表示条件表达式(a > b)? a:b，形参 a、b 均出现在条件表达式中。程序第七行 max = MAX(x,y)为宏调用，实参 x、y，将代换形参 a、b。宏展开后该语句为：

max = (x > y)? x:y;

用于计算 x, y 中的大数。

对于带参的宏定义有以下几点需要说明：

(1) 带参宏定义中，宏名和形参表之间不能有空格出现；

(2) 在带参宏定义中，形式参数不分配内存单元，因此不必作类型定义。而宏调用中的实参有具体的值。要用它们去代换形参，因此必须作类型说明。这是与函数中的情况不同的。在函数中，形参和实参是两个不同的量，各有自己的作用域，调用时要把实参值赋予形参，进行"值传递"。而在带参宏中，只是符号代换，不存在值传递的问题；

(3) 在宏定义中的形参是标识符，而宏调用中的实参可以是表达式。

例 6.23 使用带参宏求解 y 平方

#define SQ(y) (y)*(y)

```
main( ) {
int a,sq;
printf("input a number：    ");
scanf("%d",&a);
sq = SQ(a+1);
printf("sq = %d\n",sq);
}
```

本例中第一行为宏定义，形参为 y。程序第七行宏调用中实参为 a+1，是一个表达式，在宏展开时，用 a+1 代换 y，再用(y)*(y)代换 SQ，得到如下语句：

sq = (a+1)*(a+1);

这与函数的调用是不同的，函数调用时要把实参表达式的值求出来再赋予形参。而宏代换中对实参表达式不作计算直接地照原样代换。

（4）在宏定义中，字符串内的形参通常要用括号括起来以避免出错；

（5）带参的宏和带参函数很相似，但有本质上的不同，除上面已谈到的各点外，把同一表达式用函数处理与用宏处理两者的结果有可能是不同的。

例 6.24　分别使用函数和宏求解变量的平方。

```
main( ) {
  int i = 1;
  while(i <= 5)
    printf("%d\n",SQ(i++));
}
SQ(int y)
{
  return((y)*(y));
}
```
　　　　　利用函数求解

```
#define SQ(y)((y)*(y))
main( ) {
  int i = 1;
  while(i <= 5)
    printf("%d\n",SQ(i++));
}
```
　　　　　利用宏求解

在利用函数求解时，函数调用是把实参 i 值传给形参 y 后自增 1。然后输出函数值。因而要循环 5 次。输出 1~5 的平方值。而在利用宏求解时，只作代换。SQ(i++)被代换为((i++)*(i++))。在第一次循环时，由于 i 等于 1，其计算过程为：表达式中前一个 i 初值为 1，然后 i 自增 1 变为 2，因此表达式中第 2 个 i 初值为 2，两相乘的结果也为 2，然后 i 值再自增 1，得 3。在第二次循环时，i 值已有初值为 3，因此表达式中前一个 i 为 3，后一个 i 为 4，乘积为 12，然后 i 再自增 1 变为 5。进入第三次循环，由于 i 值已为 5，所以这将是最后一次循环。计算表达式的值为 5*6 等于 30。i 值再自增 1 变为 6，不再满足循环条件，停止循环。

从以上分析可以看出函数调用和宏调用二者在形式上相似，在本质上是完全不同的。

（6）宏定义也可用来定义多个语句，在宏调用时，把这些语句都代换到源程序中。

例 6.25　宏定义多个语句实例

```
#define SSSV(s1,s2,s3,v)s1 = l*w;s2 = l*h;s3 = w*h;v = w*l*h;
main( ) {
int l = 3,w = 4,h = 5,sa,sb,sc,vv;
```

```
SSSV(sa,sb,sc,vv);
printf("sa = % d\nsb = % d\nsc = % d\nvv = % d\n",sa,sb,sc,vv);
    }
```

程序第一行为宏定义，用宏名 SSSV 表示 4 个赋值语句，4 个形参分别为 4 个赋值符左部的变量。在宏调用时，把 4 个语句展开并用实参代替形参。使计算结果送入实参之中。

6.5.2　文件包含

文件包含是 C 语言预处理程序的一个非常重要的功能，在前面的学习过程中我们已经接触过例如#include "stdio. h" 这样的语句，功能主要是将指定的文件 stdio. h 和当前的源程序文件连成一个源文件，以便编译链接时连成一个整体，这时程序就可以使用指定文件中的函数了。文件包含的基本形式如下：

#include "文件名"

在程序设计中，文件包含是很有用的。一个大的程序可以分为多个模块，由多个程序员分别编程。有些公用的符号常量或宏定义等可单独组成一个文件，在其他文件的开头用包含命令包含该文件即可使用。这样，可避免在每个文件开头都去书写那些公用量，从而节省时间，并减少出错。

对文件包含命令还要说明以下几点：

（1）包含命令中的文件名可以用双引号引起来，也可以用尖括号括起来。例如以下写法都是允许的：

#include" stdio. h"

#include < math. h >

但是这两种形式是有区别的：使用尖括号表示在包含文件目录中去查找（包含目录是由用户在设置环境时设置的），而不在源文件目录去查找；

使用双引号则表示首先在当前的源文件目录中查找，若未找到才到包含目录中去查找。用户编程时可根据自己文件所在的目录来选择某一种命令形式。

（2）一个 include 命令只能指定一个被包含文件，若有多个文件要包含，则需用多个 include 命令；

（3）文件包含允许嵌套，即在一个被包含的文件中又可以包含另一个文件。

6.6　实训

6.6.1　实训目的

（1）应掌握内容：

1）函数的定义方法；

2）函数的调研方法；

3）函数的返回值。

（2）应了解内容：

1）系统函数的所属函数库；

2）输入输出函数的使用。

（3）应熟悉内容：

1）C 语言的分支控制结构；

2）switch 的条件表达式类型。

6.6.2　实训理论基础

（1）实训中的理论。实训中的理论主要是数学基本运算准则。

（2）实训的注意事项：

1）函数的调用方法；

2）break 的用法。

6.6.3　实训题目

（1）应用 C 函数实现数学的四则运算。参考代码如下：

```c
#include "stdio. h"
float add(float x,float y)
{
return x + y;
}
float sub(float x,float y)
{
return x - y;
}
float multi(float x,float y)
{
return x * y;
}
float div(float x,float y)
{
return x/y;
}
main()
{
float x,y,sum;
char ch;
  printf("input expression: a + ( - ,*,/)b \n");
scanf("%f%c%f",&x,&ch,&y);
/*getchar();
printf("please input operator: + or - or * or/");
ch = getchar();*/
switch(ch)
{
case '+': sum = add(x,y);break;
```

```
case '-': sum = sub(x,y); break;
case '*': sum = multi(x,y); break;
case '/': sum = div(x,y); break;
}
printf("%f%c%f = %f", x, ch, y, sum);
}
```

（2）利用 C 语言的随机函数产生 20 个随机数，每 10 个一组，每组对应位置的数进行相加，用户对相加结果进行计算，同时将计算结果输入到屏幕上，程序将根据计算结果判断用户给出的结果是否正确。最后给出计算正确的个数。参考代码如下：

```
#include < stdlib. h >
#include < stdio. h >
#include < time. h >
void fun(int a[ ],int b[ ],int d[ ])
{
int i;
for(i = 0;i < 10;i ++ )
{
printf("%d + %d = ",a[i],b[i]);
scanf("%d",d + i);
}
}

main(void)
{
int i,a[10],b[10],c[10],d[10],score = 0;
time_t t;
srand((unsigned) time(&t));
for (i = 0; i < 20; i ++ ){
if(i < 10)
a[i] = rand()%100;
else
b[i - 10] = rand()%100;
}
for(i = 0;i < 10;i ++ )
{
c[i] = a[i] + b[i];
}
fun(a,b,d);
for(i = 0;i < 10;i ++ )
{
if(c[i] == d[i])
```

```
score ++ ;
}
printf("your score is:% d",score);
}
```

小   结

本章介绍了 C 语言结构化程序设计的相关概念以及实现方式，同时介绍了 C 语言结构化设计的基本组成要素函数的相关概念，函数的定义、说明及调用方式，同时对 C 语言的变量作了进一步的讲解。最后介绍了 C 语言编译预处理的相关知识。

习   题

一、选择题

（1）若有以下程序

```
#include  < stdio. h >
void f( int n );
main( )
{ void f( int n );
f(5);
}
void f( int n )
{ printf("% d\n",n); }
```

则以下叙述中不正确的是（ ）

    A. 若只在主函数中对函数 f 进行说明，则只能在主函数中正确调用函数 f

    B. 若在主函数前对函数 f 进行说明，则在主函数和其后的其他函数中都可以正确调用函数 f

    C. 对于以上程序，编译时系统会提示出错信息：提示对 f 函数重复说明

    D. 函数 f 无返回值，所以可用 void 将其类型定义为无值型

（2）以下程序调用 findmax 函数返回数组中的最大值

```
findmax( int * a,int n )
{ int *p, *s;
for( p = a,s = a; p - a < n; p ++ )
if ( ___ ) s = p;
return( *s );
}
main( )
{ int x[5] = {12,21,13,6,18};
printf("% d\n",findmax( x,5 ));
}
```

在下划线处应填入的是（ ）

    A. p > s   B. *p > *s   C. a[p] > a[s]   D. p - a > p - s

（3）在 C 语言中，形参的缺省存储类是（　　）

　　A. auto　　　　　B. register　　　　　C. static　　　　　　D. extern

（4）以下程序输出的结果是（　　）

```
int x = 3;
main( )
{ int i;
for (i = 1;i < x;i + +) incre( );
}
incre( )
{ static int x = 1;
x* = x + 1;
printf(" %d",x);
}
```

　　A. 3 3　　　　　B. 2 2　　　　　C. 2 6　　　　　　D. 2 5

（5）以下程序的输出结果是（　　）

```
int a, b;
void fun( )
{ a = 100; b = 200; }
main( )
{ int a = 5, b = 7;
fun( );
printf("%d%d \n", a,b);
}
```

　　A. 100200　　　　B. 57　　　　　C. 200100　　　　　D. 75

（6）以下程序的输出结果是（　　）

```
#define M(x,y,z) x* y + z
main( )
{ int a = 1,b = 2, c = 3;
printf("%d\n", M(a + b,b + c, c + a));
}
```

　　A. 19　　　　　B. 17　　　　　C. 15　　　　　　D. 12

二、填空题

（1）以下程序输出的最后一个值是（　　）

```
int ff( int n)
{ static int f = 1;
f = f* n;
return f;
}
main( )
{ int I;
for(I = 1;I < = 5;I + + printf(" %d\n",ff(i));
```

```
}
```

（2）若已定义：int a[10],i;

以下 fun 函数的功能是：在第一个循环中给前 10 个数组元素依次赋值，分别为 1、2、3、4、5、6、7、8、9、10；在第二个循环中使 a 数组前 10 个元素中的值对称折叠，变成 1、2、3、4、5、5、4、3、2、1。请填空。

```
fun( int a[    ] )
{ int i;
for( i = 1; i < = 10; i ++ )  ____ = i;
for( i = 0; i < 5; i ++ )  ____ = a[ i ];
```

（3）下列程序的输出结果是（   ）。

```
void fun( int * n )
{ while( ( * n ) -- );
printf( "% d", ++ ( * n ) );
}
main( )
{ int a = 100;
fun( &a );
}
```

（4）以下程序中，主函数调用了 LineMax 函数，实现在 N 行 M 列的二维数组中，找出每一行上的最大值。请填空。

```
#define N 3
#define M 4
void LineMax( int x[ N ][ M ] )
{ int i,j,p;
for( i = 0; i < N;i ++ )
{ p = 0;
for( j = 1; j < M;j ++ )
if( x[ i ][ p ] < x[ i ][ j ] )  ____ ;
printf( "The max value in line % d is % d\n", i, ____ );
}
}
main( )
{ int x[ N ][ M ] = {1,5,7,4,2,6,4,3,8,2,3,1};
____
}
```

（5）以下程序的运行结果是_____。

```
#Include < stdio. h >
main( )
{ int k = 4, m = 1, p;
p = func( k,m ); printf( "% d,",p );
p = func( k,m ); printf( "% d\ n",p );
```

```
}
func(int a,int b)
{Static int m = 0, i = 2;
i + = m + l;
m = i + a + b;
return m;
}
```

三、程序设计

（1）求方程 $ax^2 + bx + c = 0$ 的根，用 3 个函数分别求当 $b^2 - 4ac$ 大于 0、等于 0 和小于 0 时的根并输出结果。要求从主函数中输入 a，b，c 的值。

（2）写一个函数将两个字符串连接。

（3）输入一行字符，编写一个函数，将此字符串中最长的单词输出。

（4）编写一个函数，计算一个 3×3 数组的主对角线元素之和。

7.1　C 语言中常见错误

C 语言的最大特点是：功能强，使用方便灵活。C 编译的程序对语法检查并不像其他高级语言那么严格，这就给编程人员留下"灵活的余地"，但这个灵活给程序的调试带来了许多不便，尤其对初学 C 语言的人来说，经常会出一些连自己都不知道错在哪里的错误。看着有错的程序，不知该如何改起，这里把一些 C 编程时常犯的错误列出，以供参考。

（1）书写标识符时，忽略了大小写字母的区别。

```
main( )
{
int a = 5;
printf("%d",A);
}
```

编译程序把 a 和 A 认为是两个不同的变量名，而显示出错信息。C 认为大写字母和小写字母是两个不同的字符。习惯上，符号常量名用大写，变量名用小写表示，以增加可读性。

（2）忽略了变量的类型，进行了不合法的运算。

```
main( )
{
float a,b;
printf("%d",a%b);
}
```

% 是求余运算，得到 a/b 的整余数。整型变量 a 和 b 可以进行求余运算，而实型变量则不允许进行"求余"运算。

（3）将字符常量与字符串常量混淆。

```
char c;
c = "a";
```

在这里就混淆了字符常量与字符串常量，字符常量是由一对单引号引起来的单个字符，字符串常量是一对双引号引起来的字符序列。C 规定以"\0"作字符串结束标志，它是由系统自动加上的，所以字符串"a"实际上包含两个字符：'a'和'\0'，而把它赋给一个字符变量是不行的。

（4）忽略了"="与"=="的区别。

在许多高级语言中，用"="符号作为关系运算符"等于"。如在 BASIC 程序中可以写 if(a=3)then…，但 C 语言中，"="是赋值运算符，"=="是关系运算符。如：

if(a==3)a=b;

前者是进行比较, a 是否和 3 相等, 后者表示如果 a 和 3 相等, 把 b 值赋给 a。由于习惯问题, 初学者往往会犯这样的错误。

（5）忘记加分号。

分号是 C 语句中不可缺少的一部分, 语句末尾必须有分号。

```
a = 1
b = 2
```

编译时, 编译程序在 "a = 1" 后面没发现分号, 就把下一行 "b = 2" 也作为上一行语句的一部分, 这就会出现语法错误。改错时, 有时在被指出有错的一行中未发现错误, 就需要看一下上一行是否漏掉了分号。

```
{ z = x + y;
t = z/100;
printf( "%f" ,t);
}
```

对于复合语句来说, 最后一个语句中最后的分号不能忽略不写（这是和 PASCAL 不同的）。

（6）多加分号。

对于一个复合语句, 如:

```
{ z = x + y;
t = z/100;
printf( "%f" ,t);
} ;
```

复合语句的花括号后不应再加分号, 否则将会画蛇添足。
又如:

```
if( a%3 ==0);
i ++;
```

本意是如果 3 整除 a, 则 i 加 1。但由于 if(a%3 ==0) 后多加了分号, 则 if 语句到此结束, 程序将执行 i ++ 语句, 不论 3 是否整除 a, i 都将自动加 1。
再如:

```
for( i =0;i <5;i ++);
{ scanf( "%d" ,&x);
printf( "%d" ,x);}
```

本意是先后输入 5 个数, 每输入一个数后再将它输出。由于 for( ) 后多加了一个分号, 使循环体变为空语句, 此时只能输入一个数并输出它。

（7）输入变量时忘记加地址运算符 "&"。

```
int a,b;
scanf( "%d%d" ,a,b);
```

这是不合法的。scanf 函数的作用是: 按照 a、b 在内存的地址将 a、b 的值存进去。"&a"

指 a 在内存中的地址。

　　（8）输入数据的方式与要求不符。

　　①scanf("%d%d",&a,&b)；

　　输入时，不能用逗号作两个数据间的分隔符，如下面输入不合法：

3,4

　　输入数据时，在两个数据之间以一个或多个空格间隔，也可用回车键，跳格键 tab。

　　②scanf("%d,%d",&a,&b)；

　　C 规定：如果在"格式控制"字符串中除了格式说明以外还有其他字符，则在输入数据时应输入与这些字符相同的字符。下面输入是合法的：

3,4

　　此时不用逗号而用空格或其他字符是不对的。

3 4 3:4

　　又如：

scanf("a=%d,b=%d",&a,&b)；

　　输入应如以下形式：

a=3, b=4

　　（9）输入字符的格式与要求不一致。

　　在用"%c"格式输入字符时，"空格字符"和"转义字符"都作为有效字符输入。

scanf("%c%c%c",&c1,&c2,&c3)；

如输入 a　b c，字符"a"送给 c1，字符"　"送给 c2，字符"b"送给 c3，因为%c 只要求读入一个字符，后面不需要用空格作为两个字符的间隔。

　　（10）输入输出的数据类型与所用格式说明符不一致。

　　例如，a 已定义为整型，b 定义为实型

a=3；b=4.5；

printf("%f%d",a,b)；

　　编译时不给出出错信息，但运行结果将与原意不符。这种错误尤其需要注意。

　　（11）输入数据时，企图规定精度。

scanf("%7.2f",&a)；

　　这样做是不合法的，输入数据时不能规定精度。

　　（12）switch 语句中漏写 break 语句。

　　例如：根据考试成绩的等级打印出百分制数段。

```
switch(grade)
{case 'A':printf("85~100");
case 'B':printf("70~84");
case 'C':printf("60~69");
case 'D':printf("<60");
default:printf("error");
```

　　由于漏写了 break 语句，case 只起标号的作用，而不起判断作用。因此，当 grade 值为 A 时，printf 函数在执行完第一个语句后接着执行第二、三、四、五个 printf 函数语句。正确写法

应在每个分支后再加上"break;"。例如

case 'A':printf("85~100"); break;

（13）忽视了 while 和 do-while 语句在细节上的区别。

```
1)main( )
{int a = 0,i;
scanf("%d",&I);
while(i <= 10)
{a = a + i;
i ++;
}
printf("%d",a);
}
2)main( )
    {int a = 0,i;
scanf("%d",&I);
do
{a = a + i;
i ++;
}while(i <= 10);
printf("%d",a);
}
```

可以看到，当输入 i 的值小于或等于 10 时，二者得到的结果相同。而当 i > 10 时，二者结果就不同了。因为 while 循环是先判断后执行，而 do-while 循环是先执行后判断。对于大于 10 的数 while 循环一次也不执行循环体，而 do-while 语句则要执行一次循环体。

（14）定义数组时误用变量。

```
int n;
scanf("%d",&n);
int a[n];
```

数组名后用方括号括起来的是常量表达式，可以包括常量和符号常量。即 C 不允许对数组的大小作动态定义。

（15）在定义数组时，将定义的"元素个数"误认为是可使的最大下标值。

```
main( )
{static int a[10] = {1,2,3,4,5,6,7,8,9,10};
printf("%d",a[10]);
}
```

C 语言规定：定义时用 a[10]，表示 a 数组有 10 个元素。其下标值由 0 开始，所以数组元素 a[10]是不存在的。

（16）初始化数组时，未使用静态存储。

int a[3] = {0,1,2};

这样初始化数组是不对的。C语言规定只有静态存储（static）数组和外部存储（extern）数组才能初始化。应改为：

static int a[3] = {0,1,2};

（17）在不应加地址运算符 & 的位置加了地址运算符。

scanf("%s",&str);

C语言编译系统对数组名的处理是：数组名代表该数组的起始地址，且 scanf 函数中的输入项是字符数组名，不必要再加地址符 &。应改为：

scanf("%s",str);

（18）同时定义了形参和函数中的局部变量。

```
int max(x,y)
int x,y,z;
{z = x > y? x:y;
return(z);
}
```

形参应该在函数体外定义，而局部变量应该在函数体内定义。应改为：

```
int max(x,y)
int x,y;
{int z;
z = x > y? x:y;
return(z);
}
```

以上错误中可能有些不符合新版的 C 语言，比如数组的初始化，新版中就可以不是静态变量。

7.2　典型例题

【程序1】

题目：有 1、2、3、4 个数字，能组成多少个互不相同且无重复数字的三位数？都是多少？

（1）程序分析：可填在百位、十位、个位的数字都是 1、2、3、4。组成所有的排列后再去掉不满足条件的排列。

（2）程序源代码：

```
#include "stdio.h"
#include "conio.h"
main()
{
  int i,j,k;
  printf("\n");
  for(i = 1;i < 5;i ++) /*以下为三重循环*/
    for(j = 1;j < 5;j ++)
      for (k = 1;k < 5;k ++)
```

```
    {
        if (i!=k&&i!=j&&j!=k) /*确保 i、j、k 三位互不相同*/
        printf("%d,%d,%d\n",i,j,k);
    }
}
```

===

【程序 2】

题目：企业发放的奖金根据利润提成。利润（I）低于或等于 10 万元时，奖金可提成 10%；
利润高于 10 万元，低于 20 万元时，低于 10 万元的部分按 10% 提成，高于 10 万元的部
分，可提成 7.5%；20 万元到 40 万元之间时，高于 20 万元的部分，可提成 5%；40 万
元到 60 万元之间时，高于 40 万元的部分，可提成 3%；60 万元到 100 万元之间时，高
于 60 万元的部分，可提成 1.5%，高于 100 万元时，超过 100 万元的部分按 1% 提成，
从键盘输入当月利润 I，求应发放奖金总数。

（1）程序分析：请利用数轴来分界、定位。注意定义时需把奖金定义成长整型。

（2）程序源代码：

```c
#include "stdio.h"
#include "conio.h"
main()
{
    long int i;
    int bonus1,bonus2,bonus4,bonus6,bonus10,bonus;
    scanf("%ld",&i);
    bonus1 = 100000*0.1;
    bonus2 = bonus1 + 100000*0.75;
    bonus4 = bonus2 + 200000*0.5;
    bonus6 = bonus4 + 200000*0.3;
    bonus10 = bonus6 + 400000*0.15;
    if(i <= 100000)
        bonus = i*0.1;
    else if(i <= 200000)
        bonus = bonus1 + (i - 100000)*0.075;
        else if(i <= 400000)
            bonus = bonus2 + (i - 200000)*0.05;
            else if(i <= 600000)
                bonus = bonus4 + (i - 400000)*0.03;
                else if(i <= 1000000)
                    bonus = bonus6 + (i - 600000)*0.015;
                    else
                        bonus = bonus10 + (i - 1000000)*0.01;
    printf("bonus=%d",bonus);
```

```
    }
```

==

【程序3】

题目：一个整数，它加上100后是一个完全平方数，再加上168又是一个完全平方数，请问该
　　　数是多少？

　　（1）程序分析：在10万元以内判断，先将该数加上100后再开方，再将该数加上268后
再开方，如果开方后的结果满足如下条件，即是结果。请看具体分析：

　　（2）程序源代码：

```c
#include "math. h"
#include "stdio. h"
#include "conio. h"
main( )
{
    long int i,x,y,z;
    for (i = 1;i < 100000;i ++ )
    {
        x = sqrt(i + 100); /*x 为加上 100 开方后的结果*/
        y = sqrt(i + 268); /*y 为再加上 168 开方后的结果*/
        if(x*x == i + 100&&y*y == i + 268) /*如果一个数的平方根的平方等于该数,这说明此数
是完全平方数*/
        printf(" \n% ld\n",i);
    }
    getch( );
}
```

==

【程序4】

题目：输入某年某月某日，判断这一天是这一年的第几天？

　　（1）程序分析：以3月5日为例，应该先把前两个月的加起来，然后再加上5天即本年的
第几天，特殊情况，闰年且输入月份大于2时需考虑多加一天。

　　（2）程序源代码：

```c
#include "stdio. h"
#include "conio. h"
main( )
{
    int day,month,year,sum,leap;
    printf(" \nplease input year,month,day\n");
    scanf("% d,% d,% d" ,&year,&month,&day);
    switch(month) /*先计算某月以前月份的总天数*/
    {
```

```
    case 1:sum = 0;break;
    case 2:sum = 31;break;
    case 3:sum = 59;break;
    case 4:sum = 90;break;
    case 5:sum = 120;break;
    case 6:sum = 151;break;
    case 7:sum = 181;break;
    case 8:sum = 212;break;
    case 9:sum = 243;break;
    case 10:sum = 273;break;
    case 11:sum = 304;break;
    case 12:sum = 334;break;
    default:printf("data error");break;
    }
  sum = sum + day; /* 再加上某天的天数 */
  if(year%400 ==0 || (year%4 ==0&&year%100!=0)) /* 判断是不是闰年 */
    leap = 1;
  else
    leap = 0;
  if(leap == 1&&month > 2) /* 如果是闰年且月份大于2,总天数应该加一天 */
    sum ++ ;
  printf("It is the %dth day.",sum);
    }
```

===

【程序5】

题目:输入三个整数 x, y, z, 请把这三个数由小到大输出。

　　(1) 程序分析:我们想办法把最小的数放到 x 上,先将 x 与 y 进行比较,如果 x > y 则将 x 与 y 的值进行交换,然后再用 x 与 z 进行比较,如果 x > z 则将 x 与 z 的值进行交换,这样能使 x 最小。

　　(2) 程序源代码:

```
#include "stdio. h"
#include "conio. h"
main()
{
  int x,y,z,t;
  scanf("%d%d%d",&x,&y,&z);
  if (x > y)
    {t=x;x=y;y=t;} /* 交换 x,y 的值 */
  if(x > z)
    {t=z;z=x;x=t;} /* 交换 x,z 的值 */
  if(y > z)
```

```
  {t = y;y = z;z = t;}  /*交换 z,y 的值*/
  printf("small to big: % d % d % d\n",x,y,z);
  }
```

===

【程序 6】

题目：用 * 号输出字母 C 的图案。

　　（1）程序分析：可先用'*'号在纸上写出字母 C，再分行输出。

　　（2）程序源代码：

```
#include "stdio. h"
#include "conio. h"
main()
{
  printf("Hello C-world! \n");
  printf(" **** \n");
  printf(" * \n");
  printf(" * \n");
  printf(" **** \n");

}
```

===

【程序 7】

题目：输出特殊图案，请在 c 环境中运行，看一看，Very Beautiful！

　　（1）程序分析：字符共有 256 个。不同字符，图形不一样。

　　（2）程序源代码：

```
#include "stdio. h"
#include "conio. h"
main()
{
  char a = 176,b = 219;
  printf("% c% c% c% c% c\n",b,a,a,a,b);
  printf("% c% c% c% c% c\n",a,b,a,b,a);
  printf("% c% c% c% c% c\n",a,a,b,a,a);
  printf("% c% c% c% c% c\n",a,b,a,b,a);
  printf("% c% c% c% c% c\n",b,a,a,a,b);

}
```

===

【程序 8】

题目：输出 9*9 口诀。

（1）程序分析：分行与列考虑，共 9 行 9 列，i 控制行，j 控制列。

（2）程序源代码：

```
#include "stdio. h"
#include "conio. h"
main( )
{
  int i,j,result;
  printf(" \n") ;
  for (i =1;i <10;i ++ )
  {
    for(j =1;j <10;j ++ )
    {
      result =i*j;
      printf("% d*% d =% -3d",i,j,result); /* -3d 表示左对齐,占 3 位*/
    }
    printf(" \n") ; /* 每一行后换行*/
  }
}
```

===

【程序 9】

题目：要求输出国际象棋棋盘。

（1）程序分析：用 i 控制行，j 控制列，根据 i + j 和的变化来控制输出是黑方格还是白方格。

（2）程序源代码：

```
#include "stdio. h"
#include "conio. h"
main( )
{
  int i,j;
  for(i =0;i <8;i ++ )
  {
    for(j =0;j <8;j ++ )
      if((i +j)% 2 ==0)
        printf("% c% c",219,219) ;
      else
        printf("   ") ;
    printf(" \n") ;
  }
}
```

===

【程序 10】

题目：打印楼梯，同时在楼梯上方打印两个笑脸。

　　（1）程序分析：用 i 控制行，j 控制列，j 根据 i 的变化来控制输出黑方格的个数。

　　（2）程序源代码：

```c
#include "stdio. h"
#include "conio. h"
main( )
{
  int i,j;
  printf( "\1\1\n") ;/*输出两个笑脸*/
  for(i = 1;i < 11;i ++ )
  {
    for(j = 1;j <= i;j ++ )
      printf( "% c% c" ,219,219) ;
    printf( "\n") ;
  }
}
```

==

【程序 11】

题目：古典问题：有一对兔子，从出生后第 3 个月起每个月都生一对兔子，小兔子长到第三个
　　　月后每个月又生一对兔子，假如兔子都不死，问每个月的兔子总数为多少？

　　（1）程序分析：兔子的规律为数列 1，1，2，3，5，8，13，21…

　　（2）程序源代码：

```c
#include "stdio. h"
#include "conio. h"
main( )
{
  long f1 ,f2;
  int i;
  f1 = f2 = 1;
  for(i = 1;i <= 20;i ++ )
  {
    printf( "% 12ld % 12ld" ,f1 ,f2) ;
    if(i%2 ==0) printf( "\n") ;/*控制输出,每行四个*/
    f1 = f1 + f2;/*前两个月加起来赋值给第三个月*/
    f2 = f1 + f2;/*前两个月加起来赋值给第三个月*/
  }
}
```

==

【程序 12】

题目：判断 101～200 之间有多少个素数，并输出所有素数。

（1）程序分析：判断素数的方法：用一个数分别去除 2 到 sqrt（这个数），如果能被整除，则表明此数不是素数，反之是素数。

（2）程序源代码：

```c
#include " stdio. h"
#include " conio. h"
#include " math. h"
main( )
{
int m,i,k,h = 0,leap = 1;
printf(" \n");
for( m = 101;m <= 200;m ++ )
  {
   k = sqrt( m + 1);
   for( i = 2;i <= k;i ++ )
   if( m% i == 0)
     {
      leap = 0;
      break;
     }
   if( leap)
     {
      printf(" % -4d",m);
      h ++ ;
      if( h% 10 == 0)
        printf(" \n");
     }
   leap = 1;
  }
printf(" \nThe total is % d",h);
}
```

===

【程序 13】

题目：打印出所有的“水仙花数”，所谓“水仙花数”是指一个三位数，其各位数字立方和等于该数本身。例如：153 是一个“水仙花数”，因为 153 = 1 的三次方 + 5 的三次方 + 3 的三次方。

（1）程序分析：利用 for 循环控制 100～999 个数，每个数分解出个位、十位、百位。

（2）程序源代码：

```c
#include " stdio. h"
```

```c
#include "conio. h"
main( )
{
  int i,j,k,n;
  printf("'water flower'number is:");
  for(n = 100;n < 1000;n ++)
  {
    i = n/100;/*分解出百位*/
    j = n/10%10;/*分解出十位*/
    k = n%10;/*分解出个位*/
    if(i*100 + j*10 + k == i*i*i + j*j*j + k*k*k)
      printf("% -5d",n);
  }
}
```

==

【程序 14】

题目：将一个正整数分解质因数。例如：输入 90，打印出 90 = 2*3*3*5。

（1）程序分析：对 n 进行分解质因数，应先找到一个最小的质数 k，然后按下述步骤完成：

1）如果这个质数恰等于 n，则说明分解质因数的过程已经结束，打印出即可。

2）如果 n < >k，但 n 能被 k 整除，则应打印出 k 的值，并用 n 除以 k 的商，作为新的正整数 n，重复执行第一步。

3）如果 n 不能被 k 整除，则用 k + 1 作为 k 的值，重复执行第一步。

（2）程序源代码：

```c
/* zheng int is divided yinshu*/
#include "stdio. h"
#include "conio. h"
main( )
{
  int n,i;
  printf("\nplease input a number:\n");
  scanf("% d",&n);
  printf("% d = ",n);
  for(i = 2;i <= n;i ++)
    while(n!= i)
    {
      if(n% i == 0)
      {
        printf("% d*",i);
        n = n/i;
```

```
        }
      else
        break;
    }
  printf("% d",n);
  }
```

===

【程序 15】

题目：利用条件运算符的嵌套来完成此题：学习成绩 >=90 分的同学用 A 表示，60 ~ 89 分之间
的用 B 表示，60 分以下的用 C 表示。

（1）程序分析：（a > b）? a：b 这是条件运算符的基本例子。

（2）程序源代码：

```
#include "stdio. h"
#include "conio. h"
main( )
{
  int score;
  char grade;
  printf("please input a score\n");
  scanf("% d",&score);
  grade = score >= 90? 'A':(score >= 60? 'B':'C');
  printf("% d belongs to % c",score,grade);
}
```

===

【程序 16】

题目：输入两个正整数 m 和 n，求其最大公约数和最小公倍数。

（1）程序分析：利用辗除法。

（2）程序源代码：

```
#include "stdio. h"
#include "conio. h"
main( )
{
  int a,b,num1,num2,temp;
  printf("please input two numbers:\n");
  scanf("% d,% d",&num1,&num2);
  if(num1 < num2)/*交换两个数,使大数放在 num1 上*/
    {
      temp = num1;
      num1 = num2;
```

```
    num2 = temp;
  }
  a = num1;b = num2;
  while(b!=0)/*利用辗除法,直到 b 为 0 为止*/
  {
    temp = a% b;
    a = b;
    b = temp;
  }
  printf("gongyueshu:% d\n",a);
  printf("gongbeishu:% d\n",num1*num2/a);
}
```

==

【程序 17】

题目：输入一行字符，分别统计出其中英文字母、空格、数字和其他字符的个数。

（1）程序分析：利用 while 语句，条件为输入的字符不为'\n'.

（2）程序源代码：

```
#include "stdio. h"
#include "conio. h"
main( )
{
  char c;
  int letters = 0,space = 0,digit = 0,others = 0;
  printf("please input some characters\n");
  while((c = getchar( ))!= '\n')
  {
    if(c >= 'a'&&c <= 'z' || c >= 'A'&&c <= 'Z')
      letters ++ ;
    else if(c == ' ')
      space ++ ;
    else if(c >= '0'&&c <= '9')
      digit ++ ;
    else
      others ++ ;
  }
  printf("all in all:char = % d space = % d digit = % d others = % d\n",letters,
  space,digit,others);
}
```

==

【程序 18】

题目: 求 s = a + aa + aaa + aaaa + aa…a 的值, 其中 a 是一个数字。例如 2 + 22 + 222 + 2222 + 22222 (此时共有 5 个数相加), 几个数相加有键盘控制。

(1) 程序分析: 关键是计算出每一项的值。

(2) 程序源代码:

```c
#include "stdio. h"
#include "conio. h"
main( )
{
  int a,n,count = 1;
  long int sn = 0,tn = 0;
  printf("please input a and n\n");
  scanf("%d,%d",&a,&n);
  printf("a = %d,n = %d\n",a,n);
  while( count <= n )
  {
    tn = tn + a;
    sn = sn + tn;
    a = a*10;
    ++ count;
  }
  printf("a + aa + … = %ld\n",sn);
}
```

==

【程序 19】

题目: 一个数如果恰好等于它的因子之和, 这个数就称为 "完数"。例如 6 = 1 + 2 + 3。编程找出 1000 以内的所有完数。

(1) 程序分析: 请参照程序 14。

(2) 程序源代码:

```c
#include "stdio. h"
#include "conio. h"
main( )
{
  static int k[10];
  int i,j,n,s;
  for( j = 2;j < 1000;j ++ )
  {
    n = -1;
    s = j;
    for( i = 1;i < j;i ++ )
```

```
    {
        if((j%i)==0)
        {
            n++;
            s=s-i;
            k[n]=i;
        }
    }
    if(s==0)
    {
        printf("%d is a wanshu",j);
        for(i=0;i<n;i++)
        printf("%d,",k[i]);
        printf("%d\n",k[n]);
    }
}
}
```

==

【程序 20】

题目：一球从 100m 高度自由落下，每次落地后反跳回原高度的一半；再落下，求它在第 10 次
　　　落地时，共经过多少米，第 10 次反弹高度。

（1）程序分析：见下面注释。

（2）程序源代码：

```
#include "stdio. h"
main()
{
    float sn=100. 0,hn=sn/2;
    int n;
    for(n=2;n<=10;n++)
    {
        sn=sn+2*hn;/*第 n 次落地时共经过的米数*/
        hn=hn/2; /*第 n 次反跳高度*/
    }
    printf("the total of road is %f\n",sn);
    printf("the tenth is %f meter\n",hn);
}
```

==

【程序 21】

题目：猴子吃桃问题。猴子第一天摘下若干个桃子，当即吃了一半，还不过瘾，又多吃了一
　　　个，第二天早上又将剩下的桃子吃掉一半，又多吃了一个。以后每天早上都吃了前一天

剩下的一半零一个。到第 10 天早上想再吃时，见只剩下一个桃子了。求第一天共摘了
多少。

（1）程序分析：采取逆向思维的方法，从后往前推断。

（2）程序源代码：

```c
#include "stdio. h"
#include "conio. h"
main( )
{
  int day,x1,x2;
  day = 9;
  x2 = 1;
  while( day > 0)
  {
    x1 = (x2 + 1) * 2;/* 第一天的桃子数是第 2 天桃子数加 1 后的 2 倍*/
    x2 = x1;
    day -- ;
  }
  printf(" the total is % d\n",x1);
}
```

==

【程序 22】

题目：两个乒乓球队进行比赛，各出三人。甲队为 a、b、c 三人，乙队为 x、y、z 三人。已抽
　　　签决定比赛名单。有人向队员打听比赛的名单。a 说他不和 x 比，c 说他不和 x，z 比，
　　　请编程序找出三队赛手的名单。

（1）程序分析：判断素数的方法。用一个数分别去除 2 到 sqrt（这个数），如果能被整除，
则表明此数不是素数，反之是素数。

（2）程序源代码：

```c
#include "stdio. h"
#include "conio. h"
main( )
{
  char i,j,k;/* i 是 a 的对手,j 是 b 的对手,k 是 c 的对手*/
  for( i = 'x';i <= 'z';i ++ )
    for( j = 'x';j <= 'z';j ++ )
    {
      if( i != j)
      for( k = 'x';k <= 'z';k ++ )
      {
        if( i != k&&j != k)
        {
```

```
        if(i!='x'&&k!='x'&&k!='z')
            printf("order is a--%c\tb--%c\tc--%c\n",i,j,k);
        }
    }
}
```

===

【程序 23】

题目：打印出如下图案（菱形）

```
        *
       * * *
      * * * * *
     * * * * * * *
      * * * * *
       * * *
        *
```

（1）程序分析：先把图形分成两部分来看待，前四行一个规律，后三行一个规律，利用双重 for 循环，第一层控制行，第二层控制列。

（2）程序源代码：

```c
#include "stdio.h"
#include "conio.h"
main()
{
    int i,j,k;
    for(i=0;i<=3;i++)
    {
        for(j=0;j<=2-i;j++)
            printf(" ");
        for(k=0;k<=2*i;k++)
            printf("*");
        printf("\n");
    }
    for(i=0;i<=2;i++)
    {
        for(j=0;j<=i;j++)
            printf(" ");
        for(k=0;k<=4-2*i;k++)
            printf("*");
        printf("\n");
    }
}
```

===

【程序 24】

题目：有一分数序列：2/1，3/2，5/3，8/5，13/8，21/13…，求出这个数列的前 20 项之和。

(1) 程序分析：请抓住分子与分母的变化规律。

(2) 程序源代码：

```c
#include "stdio. h"
#include "conio. h"
main( )
{
    int n,t,number = 20;
    float a = 2,b = 1,s = 0;
    for( n = 1;n <= number;n ++ )
    {
        s = s + a/b;
        t = a;a = a + b;b = t;/*这部分是程序的关键,请读者猜猜 t 的作用*/
    }
    printf( "sum is %9.6f\n",s);
}
```

==

【程序 25】

题目：求 $1 + 2! + 3! + \cdots + 20!$ 的和。

(1) 程序分析：此程序只是把累加变成了累乘。

(2) 程序源代码：

```c
#include "stdio. h"
#include "conio. h"
main( )
{
    float n,s = 0,t = 1;
    for( n = 1;n <= 20;n ++ )
    {
        t *= n;
        s += t;
    }
    printf( "1 +2! +3! +\cdots +20! = %e\n",s);
}
```

==

【程序 26】

题目：利用递归方法求 5!。

(1) 程序分析：递归公式 fn = fn_1 *4!。

(2) 程序源代码：

```
#include " stdio. h"
#include " conio. h"
main( )
{
   int i;
   int fact( );
   for( i = 0;i < 5;i ++ )
   printf( " \40:% d!   = % d\n",i,fact( i) );
}
int fact( j)
int j;
{
   int sum;
   if( j == 0)
      sum = 1;
   else
      sum = j * fact( j − 1);
   return sum;
}
```

===

【程序 27】

题目：利用递归函数调用方式，将所输入的 5 个字符，以相反顺序打印出来。

程序源代码：

```
#include " stdio. h"
#include " conio. h"
main( )
{
   int i = 5;
   void palin( int n);
   printf( " \40:");
   palin( i);
   printf( " \n");
}
void palin( n)
int n;
{
   char next;
   if( n <= 1)
   {
      next = getchar( );
```

```
      printf( " \n\0 :" ) ;
      putchar( next) ;
   }
   else
   {
      next = getchar( ) ;
      palin( n - 1 ) ;
      putchar( next) ;
   }
}
```

===

【程序 28】

题目：有五个人坐在一起，问第五个人多少岁，他说比第四个人大两岁；问第四个人岁数，他
　　　说比第三个人大两岁；问第三个人，又说比第二个人大两岁；问第二个人，说比第一个
　　　人大两岁；最后问第一个人，他说是 10 岁。请问第五个人多大？

（1）程序分析：利用递归的方法，递归分为回推和递推两个阶段。要想知道第五个人岁
数，需知道第四个人的岁数，依次类推，推到第一个人（10 岁），再往回推。

（2）程序源代码：

```
#include " stdio. h"
#include " conio. h"
age( n)
int n;
{
   int c;
   if( n == 1 )  c = 10;
   else c = age( n - 1 ) + 2;
   return( c) ;
}
main( )
{
   printf( " % d" ,age( 5 ) ) ;
}
```

===

【程序 29】

题目：给一个不多于 5 位的正整数，（1）求它是几位数；（2）逆序打印出各位数字。

（1）程序分析：学会分解出每一位数。

（2）程序源代码：

```
#include " stdio. h"
#include " conio. h"
```

```
main( )
{
   long a,b,c,d,e,x;
   scanf( "% ld" ,&x) ;
   a = x/10000;/* 分解出万位*/
   b = x% 10000/1000;/* 分解出千位*/
   c = x% 1000/100;/* 分解出百位*/
   d = x% 100/10;/* 分解出十位*/
   e = x% 10;/* 分解出个位*/
   if ( a!=0) printf("there are 5, % ld % ld % ld % ld % ld\n" ,e,d,c,b,a);
   else if ( b!=0) printf("there are 4, % ld % ld % ld % ld\n" ,e,d,c,b);
   else if ( c!=0) printf(" there are 3,% ld % ld % ld\n" ,e,d,c);
      else if ( d!=0) printf("there are 2, % ld % ld\n" ,e,d);
         else if ( e!=0) printf(" there are 1,% ld\n" ,e);
}
```

==

【程序 30】

题目：一个 5 位数，判断它是不是回文数。即 12321 是回文数，个位与万位相同，十位与千位
相同。

   （1）程序分析：同程序 29。

   （2）程序源代码：

```
#include " stdio. h"
#include " conio. h"
main( )
{
   long ge,shi,qian,wan,x;
   scanf( "% ld" ,&x) ;
   wan = x/10000;
   qian = x% 10000/1000;
   shi = x% 100/10;
   ge = x% 10;
   if( ge == wan&&shi == qian)/* 个位等于万位并且十位等于千位*/
      printf( "this number is a huiwen\n" ) ;
   else
      printf( "this number is not a huiwen\n" ) ;
}
```

==

【程序 31】

题目：请输入星期几的第一个字母来判断一下是星期几，如果第一个字母一样，则继续判断第
二个字母。

（1）程序分析：用情况语句比较好，如果第一个字母一样，则判断用情况语句或 if 语句判断第二个字母。

（2）程序源代码：

```c
#include " stdio. h"
#include " conio. h"
void main( )
{
    char letter;
    printf( "please input the first letter of someday\n" );
    while( ( letter = getch( ) )!= 'Y')/* 当所按字母为 Y 时才结束*/
    {
        switch ( letter)
        {
            case 'S':printf( "please input second letter\n" );
            if( ( letter = getch( ) ) == 'a')
                printf( "saturday\n" );
                else if ( ( letter = getch( ) ) == 'u')
                    printf( "sunday\n" );
                    else printf( "data error\n" );
            break;
            case 'F':printf( "friday\n" );break;
            case 'M':printf( "monday\n" );break;
            case 'T':printf( "please input second letter\n" );
            if( ( letter = getch( ) ) == 'u')
                printf( "tuesday\n" );
                else if ( ( letter = getch( ) ) == 'h')
                    printf( "thursday\n" );
                else printf( "data error\n" );
            break;
            case 'W':printf( "wednesday\n" );break;
            default: printf( "data error\n" );
        }
    }
}
```

==

【程序 32】

题目：Press any key to change color, do you want to try it. Please hurry up!

程序源代码：

```c
#include " conio. h"
#include " stdio. h"
```

```
void main( void )
{
    int color;
    for ( color = 0; color < 8; color ++ )
    {
        textbackground( color );/*设置文本的背景颜色*/
        cprintf( "This is color %d\r\n", color );
        cprintf( "Press any key to continue\r\n" );
        getch( );/*输入字符看不见*/
    }
}
```

==

【程序 33】

题目：学习 gotoxy( ) 与 clrscr( ) 函数。

程序源代码：

```
#include "conio. h"
#include "stdio. h"
void main( void )
{
    clrscr( );/*清屏函数*/
    textbackground( 2 );
    gotoxy( 1, 5 );/*定位函数*/
    cprintf( "Output at row 5 column 1\n" );
    textbackground( 3 );
    gotoxy( 20, 10 );
    cprintf( "Output at row 10 column 20\n" );
}
```

==

【程序 34】

题目：练习函数调用。

程序源代码：

```
#include "stdio. h"
#include "conio. h"
void hello_world( void )
{
    printf( "Hello, world! \n" );
}
void three_hellos( void )
{
```

```
  int counter;
  for ( counter = 1; counter < = 3; counter ++ )
    hello_world( );/*调用此函数*/
}
void main( void)
{
  three_hellos( );/*调用此函数*/
}
```

===

【程序35】
题目：文本颜色设置。
程序源代码：

```
#include "stdio. h"
#include "conio. h"
void main( void)
{
  int color;
  for ( color = 1; color < 16; color ++ )
  {
    textcolor( color);/*设置文本颜色*/
    cprintf( "This is color % d\r\n", color);
  }
  textcolor( 128 + 15);
  cprintf( "This is blinking\r\n" );
}
```

===

【程序36】
题目：求100之内的素数。
程序源代码：

```
#include "stdio. h"
#include "math. h"
#define N 101
main( )
{
  int i,j,line,a[ N];
  for(i = 2;i < N;i ++ ) a[ i] = i;
    for(i = 2;i < sqrt( N);i ++ )
      for(j = i + 1;j < N;j ++ )
      {
```

```
            if(a[i]!=0&&a[j]!=0)
                if(a[j]%a[i]==0)
                    a[j]=0;
        }
    printf("\n");
    for(i=2,line=0;i<N;i++)
    {
        if(a[i]!=0)
        {
            printf("%5d",a[i]);
            line++;
        }
        if(line==10)
        {
            printf("\n");
            line=0;
        }
    }
}
```

==

【程序37】

题目：对10个数进行排序。

（1）程序分析：可以利用选择法，即从后9个比较过程中，选择一个最小的与第一个元素交换，下次类推，即用第二个元素与后8个进行比较，并进行交换。

（2）程序源代码：

```
#include "stdio.h"
#include "conio.h"
#define N 10
main()
{
    int i,j,min,tem,a[N];
    /*input data*/
    printf("please input ten num:\n");
    for(i=0;i<N;i++)
    {
        printf("a[%d]=",i);
        scanf("%d",&a[i]);
    }
    printf("\n");
    for(i=0;i<N;i++)
```

```
    printf("%5d",a[i]);
printf("\n");
/* sort ten num */
for(i=0;i<N-1;i++)
  {
    min=i;
    for(j=i+1;j<N;j++)
      if(a[min]>a[j])
        min=j;
    tem=a[i];
    a[i]=a[min];
    a[min]=tem;
  }
/* output data */
printf("After sorted \n");
for(i=0;i<N;i++)
printf("%5d",a[i]);
}
```

==

【程序38】

题目：求一个 3*3 矩阵对角线元素之和。

（1）程序分析：利用双重 for 循环控制输入二维数组，再将 a[i][i] 累加后输出。

（2）程序源代码：

```
#include "stdio. h"
#include "conio. h"
/* 如果使用的是 TC 系列编译器则可能需要添加下句 */
static void dummyfloat(float *x) { float y; dummyfloat(&y); }
main()
{
  float a[3][3],sum=0;
  int i,j;
  printf("please input rectangle element:\n");
  for(i=0;i<3;i++)
    for(j=0;j<3;j++)
      scanf("%f",&a[i][j]);
  for(i=0;i<3;i++)
    sum=sum+a[i][i];
  printf("duijiaoxian he is %6.2f",sum);
}
```

==

【程序 39】

题目：有一个已经排好序的数组。现输入一个数，要求按原来的规律将它插入数组中。

（1）程序分析：首先判断此数是否大于最后一个数，然后再考虑插入中间的数的情况，插入后，此元素之后的数依次后移一个位置。

（2）程序源代码：

```c
#include "stdio. h"
#include "conio. h"
main( )
{
  int a[11] = {1,4,6,9,13,16,19,28,40,100};
  int temp1,temp2,number,end,i,j;
  printf("original array is:\n");
  for(i = 0;i < 10;i ++ )
    printf("%5d",a[i]);
  printf("\n");
  printf("insert a new number:");
  scanf("%d",&number);
  end = a[9];
  if(number > end)
    a[10] = number;
  else
  {
    for(i = 0;i < 10;i ++ )
    {
      if(a[i] > number)
      {
        temp1 = a[i];
        a[i] = number;
        for(j = i + 1;j < 11;j ++ )
        {
          temp2 = a[j];
          a[j] = temp1;
          temp1 = temp2;
        }
        break;
      }
    }
  }
  for(i = 0;i < 11;i ++ )
    printf("%6d",a[i]);
```

```
    }
```

==

【程序 40】

题目：将一个数组逆序输出。

　　（1）程序分析：用第一个与最后一个交换。

　　（2）程序源代码：

```c
#include "stdio. h"
#include "conio. h"
#define N 5
main( )
{
    int a[N] = {9,6,5,4,1},i,temp;
    printf(" \n original array: \n") ;
    for( i = 0;i < N;i ++ )
      printf("%4d",a[i]) ;
    for( i = 0;i < N/2;i ++ )
    {
      temp = a[i] ;
      a[i] = a[N - i - 1] ;
      a[N - i - 1] = temp';
    }
    printf(" \n sorted array: \n") ;
    for( i = 0;i < N;i ++ )
      printf("%4d",a[i]) ;
}
```

==

【程序 41】

题目：学习 static 定义静态变量的用法。

程序源代码：

```c
#include "stdio. h"
#include "conio. h"
varfunc( )
{
    int var = 0;
    static int static_var = 0;
    printf(" \40:var equal %d \n",var);
    printf(" \40:static var equal %d \n",static_var);
    printf(" \n") ;
    var ++ ;
```

```
    static_var ++ ;
}
void main( )
{
    int i;
    for( i = 0 ; i < 3 ; i ++ )
        varfunc( );
}
```

===

【程序 42】

题目：学习使用 auto 定义变量的用法。

程序源代码：

```
#include " stdio. h"
#include " conio. h"
main( )
{
    int i,num;
    num = 2;
    for( i = 0 ; i < 3 ; i ++ )
    {
        printf( "\40：The num equal % d \n",num) ;
        num ++ ;
        {
            auto int num = 1;
            printf( "\40：The internal block num equal % d \n",num) ;
            num ++ ;
        }
    }
}
```

===

【程序 43】

题目：学习使用 static 的另一用法。

程序源代码：

```
#include " stdio. h"
#include " conio. h"
main( )
{
    int i,num;
    num = 2;
```

```
for( i = 0 ; i < 3 ; i + + )
  {
    printf( " \40: The num equal % d \n" ,num) ;
    num + + ;
    {
      static int num = 1;
      printf( " \40:The internal block num equal % d\n" ,num) ;
      num + + ;
    }
  }
}
```

==

【程序 44】
题目：学习使用 external 的用法。
程序源代码：

```
#include " stdio. h"
#include " conio. h"
int a,b,c;
void add( )
{
  int a;
  a = 3;
  c = a + b;
}
void main( )
{
  a = b = 4;
  add( ) ;
  printf( "The value of c is equal to % d\n" ,c) ;
}
```

==

【程序 45】
题目：学习使用 register 定义变量的方法。
程序源代码：

```
#include " stdio. h"
#include " conio. h"
void main( )
{
  register int i;
```

```
    int tmp = 0;
    for( i = 1;i <= 100;i ++ )
    tmp += i;
    printf("The sum is % d\n",tmp);
}
```

===

【程序 46】

题目：宏#define 命令练习（1）。

程序源代码：

```
#include "stdio. h"
#include "conio. h"
#define TRUE 1
#define FALSE 0
#define SQ( x) ( x) * ( x)
void main( )
{
    int num;
    int again = 1;
    printf(" \40: Program will stop if input value less than 50. \n");
    while( again)
    {
        printf(" \40:Please input number == >");
        scanf("% d",&num);
        printf(" \40:The square for this number is % d \n",SQ( num));
        if( num >= 50)
            again = TRUE;
        else
            again = FALSE;
    }
}
```

===

【程序 47】

题目：宏#define 命令练习（2）。

程序源代码：

```
#include "stdio. h"
#include "conio. h"
/* 宏定义中允许包含两行以上命令的情形,此时必须在最右边加上" \" */
#define exchange( a,b) { \
                        int t; \
```

```
                                    t = a ; \
                                    a = b ; \
                                    b = t ; \
                                }
void main( void)
{
  int x = 10 ;
  int y = 20 ;
  printf( " x = % d ; y = % d\n" , x , y) ;
  exchange( x , y) ;
  printf( " x = % d ; y = % d\n" , x , y) ;
}
```

===

【程序 48】

题目：宏#define 命令练习（3）。

程序源代码：

```
#define LAG  >
#define SMA  <
#define EQ  ==
#include " stdio. h"
#include " conio. h"
void main( )
{
  int i = 10 ;
  int j = 20 ;
  if( i LAG j)
    printf( " \40： % d larger than % d \n" , i , j) ;
    else if( i EQ j)
      printf( " \40： % d equal to % d \n" , i , j) ;
      else if( i SMA j)
        printf( " \40:% d smaller than % d \n" , i , j) ;
      else
        printf( " \40： No such value. \n" ) ;
}
```

===

【程序 49】

题目：#if #ifdef 和#ifndef 的综合应用。

程序源代码：

```
#include " stdio. h"
```

```c
#include "conio. h"
#define MAX
#define MAXIMUM(x,y) (x>y)? x:y
#define MINIMUM(x,y) (x>y)? y:x
void main()
{
  int a=10,b=20;
#ifdef MAX
  printf(" \40: The larger one is %d\n",MAXIMUM(a,b));
#else
  printf(" \40: The lower one is %d\n",MINIMUM(a,b));
#endif
#ifndef MIN
  printf(" \40: The lower one is %d\n",MINIMUM(a,b));
#else
  printf(" \40: The larger one is %d\n",MAXIMUM(a,b));
#endif
#undef MAX
#ifdef MAX
  printf(" \40: The larger one is %d\n",MAXIMUM(a,b));
#else
  printf(" \40: The lower one is %d\n",MINIMUM(a,b));
#endif
#define MIN
#ifndef MIN
  printf(" \40: The lower one is %d\n",MINIMUM(a,b));
#else
  printf(" \40: The larger one is %d\n",MAXIMUM(a,b));
#endif
}
```

==

【程序 50】

题目：#include 的应用练习。

程序源代码：

test. h 文件如下：
```c
#define LAG  >
#define SMA  <
#define EQ  ==
```
主文件如下：
```c
#include "test. h"  /* 一个新文件 50. c,包含 test. h*/
```

```c
#include " stdio. h"
#include " conio. h"
void main( )
{
  int i = 10;
  int j = 20;
  if( i LAG j)
    printf( " \40: % d larger than % d \n",i,j);
    else if( i EQ j)
      printf( " \40: % d equal to % d \n",i,j);
      else if( i SMA j)
        printf( " \40:% d smaller than % d \n",i,j);
      else
        printf( " \40: No such value. \n" );
}
```

==

【程序 51】

题目：学习使用按位与 &。

  （1）程序分析：0&0 = 0；0&1 = 0；1&0 = 0；1&1 = 1。

  （2）程序源代码：

```c
#include " stdio. h"
main( )
{
  int a,b;
  a = 077;
  b = a&3;
  printf( " \40: The a & b( decimal) is % d \n",b);
  b& = 7;
  printf( " \40: The a & b( decimal) is % d \n",b);
}
```

==

【程序 52】

题目：学习使用按位或 |。

  （1）程序分析：0|0 = 0；0|1 = 1；1|0 = 1；1|1 = 1。

  （2）程序源代码：

```c
#include " stdio. h"
main( )
{
  int a,b;
```

```
    a = 077;
    b = a|3;
    printf( " \40: The a & b( decimal) is % d \n" ,b);
    b| = 7;
    printf( " \40: The a & b( decimal) is % d \n" ,b);
}
```

==

【程序 53】

题目：学习使用按位异或 ^。

　　（1）程序分析：0^0 = 0；0^1 = 1；1^0 = 1；1^1 = 0。

　　（2）程序源代码：

```
#include " stdio. h"
main( )
{
    int a,b;
    a = 077;
    b = a^3;
    printf( " \40: The a & b( decimal) is % d \n" ,b);
    b^ = 7;
    printf( " \40: The a & b( decimal) is % d \n" ,b);
}
```

==

【程序 54】

题目：取一个整数 a 从右端开始的 4 ~ 7 位。

　　（1）程序分析：可以这样考虑：

　　1）先使 a 右移 4 位。

　　2）设置一个低 4 位全为 1，其余全为 0 的数。可用 ~（ ~0 << 4）

　　3）将上面二者进行 & 运算。

　　（2）程序源代码：

```
main( )
{
    unsigned a,b,c,d;
    scanf( "% o" ,&a);
    b = a >> 4;
    c = ~ ( ~0 << 4);
    d = b&c;
    printf( "% o\n% o\n" ,a,d);
}
```

==

【程序 55】

题目：学习使用按位取反 ~。

（1）程序分析：~0 = 1；~1 = 0；

（2）程序源代码：

```c
#include "stdio. h"
main( )
{
    int a,b;
    a = 234;
    b = ~a;
    printf(" \40: The a's 1 complement(decimal) is % d \n",b);
    a = ~a;
    printf(" \40: The a's 1 complement(hexidecimal) is % x \n",a);
}
```

===

【程序 56】

题目：学用 circle 画圆形。

程序源代码：

```c
/* circle */
#include "graphics. h"
main( )
{int driver,mode,i;
float j = 1,k = 1;
driver = VGA;mode = VGAHI;
initgraph(&driver,&mode,"");
setbkcolor(YELLOW);
for(i = 0;i < = 25;i ++)
{
setcolor(8);
circle(310,250,k);
k = k + j;
j = j + 0. 3;
}
}
```

===

【程序 57】

题目：学用 line 画直线。

程序源代码：

```c
#include "graphics. h"
main( )
{int driver,mode,i;
```

```
float x0,y0,y1,x1;
float j = 12,k;
driver = VGA;mode = VGAHI;
initgraph( &driver,&mode," ");
setbkcolor( GREEN);
x0 = 263;y0 = 263;y1 = 275;x1 = 275;
for( i = 0;i <= 18;i ++ )
{
setcolor( 5);
line( x0,y0,x1,y1);
x0 = x0 - 5;
y0 = y0 - 5;
x1 = x1 + 5;
y1 = y1 + 5;
j = j + 10;
}
x0 = 263;y1 = 275;y0 = 263;
for( i = 0;i <= 20;i ++ )
{
setcolor( 5);
line( x0,y0,x1,y1);
x0 = x0 + 5;
y0 = y0 + 5;
y1 = y1 - 5;
}
}
```

==

【程序 58】

题目：学用 rectangle 画方形。

（1）程序分析：利用 for 循环控制 100 ~ 999 个数，每个数分解出个位、十位、百位。

（2）程序源代码：

```
#include " graphics. h"
main( )
{ int x0,y0,y1,x1,driver,mode,i;
driver = VGA;mode = VGAHI;
initgraph( &driver,&mode," ");
setbkcolor( YELLOW);
x0 = 263;y0 = 263;y1 = 275;x1 = 275;
for( i = 0;i <= 18;i ++ )
{
```

```
setcolor(1);
rectangle(x0,y0,x1,y1);
x0 = x0 - 5;
y0 = y0 - 5;
x1 = x1 + 5;
y1 = y1 + 5;
}
settextstyle(DEFAULT_FONT,HORIZ_DIR,2);
outtextxy(150,40,"How beautiful it is!");
line(130,60,480,60);
setcolor(2);
circle(269,269,137);
}
```

==

【程序 59】

题目：画图综合例子（1）。

程序源代码：

```
# define PAI 3. 1415926
# define B 0. 809
# include " graphics. h"
#include " math. h"
main( )
{
int i,j,k,x0,y0,x,y,driver,mode;
float a;
driver = CGA;mode = CGAC0;
initgraph(&driver,&mode,"");
setcolor(3);
setbkcolor(GREEN);
x0 = 150;y0 = 100;
circle(x0,y0,10);
circle(x0,y0,20);
circle(x0,y0,50);
for(i = 0;i < 16;i ++ )
{
    a = (2 * PAI/16) * i;
    x = ceil(x0 + 48 * cos(a));
    y = ceil(y0 + 48 * sin(a) * B);
    setcolor(2); line(x0,y0,x,y);}
setcolor(3);circle(x0,y0,60);
```

```
/* Make 0 time normal size letters */
settextstyle(DEFAULT_FONT,HORIZ_DIR,0);
outtextxy(10,170,"press a key");

setfillstyle(HATCH_FILL,YELLOW);
floodfill(202,100,WHITE);
getch();
for(k=0;k<=500;k++)
{
  setcolor(3);
  for(i=0;i<=16;i++)
  {
    a=(2*PAI/16)*i+(2*PAI/180)*k;
    x=ceil(x0+48*cos(a));
    y=ceil(y0+48+sin(a)*B);
    setcolor(2);line(x0,y0,x,y);
  }
  for(j=1;j<=50;j++)
  {
    a=(2*PAI/16)*i+(2*PAI/180)*k-1;
    x=ceil(x0+48*cos(a));
    y=ceil(y0+48*sin(a)*B);
    line(x0,y0,x,y);
  }
}
restorecrtmode();
}
```

==

【程序 60】

题目：画图综合例子 (2)。

程序源代码：

```
#include "graphics. h"
#define LEFT 0
#define TOP 0
#define RIGHT 639
#define BOTTOM 479
#define LINES 400
#define MAXCOLOR 15
main()
{
int driver,mode,error;
```

```
int x1,y1;
int x2,y2;
int dx1,dy1,dx2,dy2,i = 1;
int count = 0;
int color = 0;
driver = VGA;
mode = VGAHI;
initgraph(&driver,&mode,"");
x1 = x2 = y1 = y2 = 10;
dx1 = dy1 = 2;
dx2 = dy2 = 3;
while( ! kbhit( ) )
{
  line(x1,y1,x2,y2);
  x1 + = dx1;y1 + = dy1;
  x2 + = dx2;y2 + = dy2;
  if( x1 <= LEFT || x1 >= RIGHT)
  dx1 = - dx1;
  if( y1 <= TOP || y1 >= BOTTOM)
    dy1 = - dy1;
  if( x2 <= LEFT || x2 >= RIGHT)
    dx2 = - dx2;
  if( y2 <= TOP || y2 >= BOTTOM)
    dy2 = - dy2;
  if( ++ count > LINES)
  {
    setcolor(color);
    color = ( color >= MAXCOLOR)? 0: ++color;
  }
}
closegraph( );
}
```

==

【程序 61】

题目：打印出杨辉三角形（要求打印出 10 行如下图）。

　　（1）程序分析：

```
1
1  1
1  2  1
1  3  3  1
1  4  6  4  1
1  5  10  10  5  1
```

（2）程序源代码：

```
#include " stdio. h"
#include " conio. h"
main( )
{
  int i,j;
  int a[10][10];
  printf(" \n");
  for(i = 0;i < 10;i ++)
  {
    a[i][0] = 1;
    a[i][i] = 1;
  }
  for(i = 2;i < 10;i ++)
    for(j = 1;j < i;j ++)
      a[i][j] = a[i-1][j-1] + a[i-1][j];
  for(i = 0;i < 10;i ++)
  {
    for(j = 0;j <= i;j ++)
    printf(" %5d",a[i][j]);
    printf(" \n");
  }
}
```

===

【程序 62】

题目：学习 putpixel 画点。

程序源代码：

```
#include " stdio. h"
#include " conio. h"
#include " graphics. h"
main( )
{
  int i,j,driver = VGA,mode = VGAHI;
  initgraph(&driver,&mode," ");
  setbkcolor(YELLOW);
  for(i = 50;i <= 230;i + = 20)
    for(j = 50;j <= 230;j ++)
      putpixel(i,j,1);
  for(j = 50;j <= 230;j + = 20)
    for(i = 50;i <= 230;i ++)
```

```
        putpixel(i,j,1);
}
```

===

【程序 63】

题目：画椭圆 ellipse。

程序源代码：

```
#include "stdio. h"
#include "graphics. h"
#include "conio. h"
main( )
{
    int x = 260,y = 160,driver = VGA,mode = VGAHI;
    int num = 20,i;
    int top,bottom;
    initgraph( &driver,&mode,"");
    top = y - 30;
    bottom = y - 30;
    for(i = 0;i < num;i ++ )
    {
        ellipse( x,250,0,360,top,bottom);
        top - = 5;
        bottom + = 5;
    }
}
```

===

【程序 64】

题目：利用 ellipse and rectangle 画图。

程序源代码：

```
#include "stdio. h"
#include "graphics. h"
#include "conio. h"
main( )
{
    int driver = VGA,mode = VGAHI;
    int i,num = 15,top = 50;
    int left = 20,right = 50;
    initgraph( &driver,&mode,"");
    for(i = 0;i < num;i ++ )
    {
```

```
    ellipse(250,250,0,360,right,left);
    ellipse(250,250,0,360,20,top);
    rectangle(20 - 2 * i,20 - 2 * i,10 * (i + 2),10 * (i + 2));
    right + = 5;
    left + = 5;
    top + = 10;
    }
  }
```

===

【程序 65】

题目：画一个最优美的图案。

程序源代码：

```
#include " graphics. h"
#include " math. h"
#include " dos. h"
#include " conio. h"
#include " stdlib. h"
#include " stdio. h"
#include " stdarg. h"


#define MAXPTS 15
#define PI 3. 1415926


struct PTS
{
int x,y;
};
double AspectRatio = 0. 85;
void LineToDemo( void)
{
    struct viewporttype vp;
    struct PTS points[MAXPTS];
    int i, j, h, w, xcenter, ycenter;
    int radius, angle, step;
    double rads;
    printf(" MoveTo / LineTo Demonstration");
    getviewsettings( &vp);
    h = vp. bottom - vp. top;
    w = vp. right - vp. left;
    xcenter = w/2; / * Determine the center of circle */
```

```
    ycenter = h/2;
    radius = (h - 30)/(AspectRatio * 2);
    step = 360/MAXPTS;  /* Determine # of increments */
    angle = 0;  /* Begin at zero degrees */
    for(i = 0 ; i < MAXPTS; ++i)
    { /* Determine circle intercepts */
        rads = (double)angle * PI/180.0;  /* Convert angle to radians */
        points[i].x = xcenter + (int)(cos(rads) * radius);
        points[i].y = ycenter - (int)(sin(rads) * radius * AspectRatio);
        angle + = step;  /* Move to next increment */
    }
    circle(xcenter, ycenter, radius);  /* Draw bounding circle */
    for(i = 0 ; i < MAXPTS ; ++i)
    { /* Draw the cords to the circle */
        for(j = i ; j < MAXPTS ; ++j)
        { /* For each remaining intersect */
            moveto(points[i].x, points[i].y);  /* Move to beginning of cord */
            lineto(points[j].x, points[j].y);  /* Draw the cord */
        }
    }
}
main()
{
    int driver,mode;
    driver = CGA;mode = CGAC0;
    initgraph(&driver,&mode,"");
    setcolor(3);
    setbkcolor(GREEN);
    LineToDemo();
}
```

==

【程序 66】

题目：输入 3 个数 a、b、c，按大小顺序输出。

　　（1）程序分析：利用指针方法。

　　（2）程序源代码：

```
/* pointer */
#include "stdio.h"
#include "conio.h"
main()
{
```

```
    int n1,n2,n3;
    int * pointer1, * pointer2, * pointer3;
    printf("please input 3 number:n1,n2,n3:");
    scanf("%d,%d,%d",&n1,&n2,&n3);
    pointer1 = &n1;
    pointer2 = &n2;
    pointer3 = &n3;
    if(n1 > n2) swap(pointer1,pointer2);
    if(n1 > n3) swap(pointer1,pointer3);
    if(n2 > n3) swap(pointer2,pointer3);
    printf("the sorted numbers are:%d,%d,%d\n",n1,n2,n3);
    }
swap(p1,p2)
int * p1, * p2;
{
    int p;
    p = * p1;
    * p1 = * p2;
    * p2 = p;
}
```

==

【程序 67】

题目：输入数组，最大的与第一个元素交换，最小的与最后一个元素交换，输出数组。

程序源代码：

```
#include "stdio.h"
#include "conio.h"
main()
{
    int number[10];
    input(number);
    max_min(number);
    output(number);
    getch();
}
input(number)
int number[10];
{
    int i;
    for(i = 0;i < 9;i ++)
        scanf("%d,",&number[i]);
```

```
        scanf("%d",&number[9]);
}
max_min(array)
int array[10];
{
    int *max,*min,k,l;
    int *p,*arr_end;
    arr_end = array + 10;
    max = min = array;
    for(p = array + 1;p < arr_end;p ++)
        if(*p > *max) max = p;
        else if(*p < *min) min = p;
    k = *max;
    l = *min;
    *p = array[0];array[0] = l;l = *p;
    *p = array[9];array[9] = k;k = *p;
    return;
}
output(array)
int array[10];
{
    int *p;
    for(p = array;p < array + 9;p ++)
        printf("%d,",*p);
    printf("%d\n",array[9]);
}
```

==

【程序 68】

题目:有 n 个整数,使其前面各数顺序向后移 m 个位置,最后 m 个数变成最前面的 m 个数

程序源代码:

```
#include "stdio.h"
#include "conio.h"
main()
{
    int number[20],n,m,i;
    printf("the total numbers is:");
    scanf("%d",&n);
    printf("back m:");
    scanf("%d",&m);
    for(i = 0;i < n - 1;i ++)
```

```
      scanf("%d,",&number[i]);
    scanf("%d",&number[n-1]);
    move(number,n,m);
    for(i=0;i<n-1;i++)
      printf("%d,",number[i]);
    printf("%d",number[n-1]);
}
move(array,n,m)
int n,m,array[20];
{
    int *p,array_end;
    array_end = *(array+n-1);
    for(p=array+n-1;p>array;p--)
      *p = *(p-1);
    *array = array_end;
    m--;
    if(m>0)
      move(array,n,m);
}
```

===

【程序 69】

题目：有 n 个人围成一圈，顺序排号。从第一个人开始报数（从 1 到 3 报数），凡报到 3 的人
　　　退出圈子，问最后留下的那位是原来的第几号。

程序源代码：

```
#include "stdio. h"
#include "conio. h"
#define nmax 50
main()
{
    int i,k,m,n,num[nmax],*p;
    printf("please input the total of numbers:");
    scanf("%d",&n);
    p=num;
    for(i=0;i<n;i++)
      *(p+i)=i+1;
    i=0;
    k=0;
    m=0;
    while(m<n-1)
      {
```

```
    if( * ( p + i ) != 0) k ++ ;
    if( k == 3)
    {
        * ( p + i ) = 0 ;
        k = 0 ;
        m ++ ;
    }
    i ++ ;
    if( i == n) i = 0 ;
    }
    while( * p == 0) p ++ ;
    printf( " % d is left\n" , * p) ;
}
```

===

【程序 70】

题目: 写一个函数, 求一个字符串的长度, 在 main 函数中输入字符串, 并输出其长度。

程序源代码:

```
#include " stdio. h"
#include " conio. h"
main( )
{
    int len ;
    char * str[ 20 ] ;
    printf( "please input a string: \n" ) ;
    scanf( "% s" , str) ;
    len = length( str) ;
    printf( "the string has % d characters. " , len) ;
}
length( p )
char * p ;
{
    int n ;
    n = 0 ;
    while( * p != '\0')
    {
        n ++ ;
        p ++ ;
    }
    return n ;
}
```

===

【程序 71】

题目：编写 input（）和 output（）函数输入，输出 5 个学生的数据记录。

程序源代码：

```c
#include "stdio. h"
#include "conio. h"
#define N 5
struct student
{
  char num[6];
  char name[8];
  int score[4];
} stu[N];
input(stu)
struct student stu[];
{
  int i,j;
  for(i=0;i<N;i++)
  {
    printf("\n please input %d of %d\n",i+1,N);
    printf("num: ");
    scanf("%s",stu[i]. num);
    printf("name: ");
    scanf("%s",stu[i]. name);
    for(j=0;j<3;j++)
    {
      printf("score %d. ",j+1);
      scanf("%d",&stu[i]. score[j]);
    }
    printf("\n");
  }
}
print(stu)
struct student stu[];
{
  int i,j;
  printf("\nNo.  Name Sco1 Sco2 Sco3\n");
  for(i=0;i<N;i++)
  {
    printf("%-6s%-10s",stu[i]. num,stu[i]. name);
    for(j=0;j<3;j++)
```

```
    printf("% -8d",stu[i]. score[j]);
    printf("\n");
    }
}
main()
{
  input();
  print();
  }
```

==

【程序 72】
题目：创建一个链表。
程序源代码：

```
/* creat a list */
#include "stdlib. h"
#include "stdio. h"
#include "conio. h"
struct list
{
  int data;
  struct list *next;
};
typedef struct list node;
typedef node *link;
void main()
{
  link ptr,head;
  int num,i;
  ptr = (link) malloc(sizeof(node));
  ptr = head;
  printf("please input 5 numbers == > \n");
  for(i =0;i < =4;i ++ )
  {
    scanf("% d",&num);
    ptr - > data = num;
    ptr - > next = (link) malloc(sizeof(node));
    if( i ==4) ptr - > next = NULL;
    else ptr = ptr - > next;
  }
  ptr = head;
```

```
    while(ptr!  = NULL)
    {
        printf("The value is  == >% d \n",ptr - > data);
        ptr = ptr - > next;
    }
}
```

===

【程序 73】
题目：反向输出一个链表。
程序源代码：

```
/* reverse output a list*/
#include "stdlib. h"
#include "stdio. h"
#include "conio. h"
struct list
{
    int data;
    struct list *next;
};
typedef struct list node;
typedef node * link;'
void main( )
{
    link ptr,head,tail;
    int num,i;
    tail = (link)malloc(sizeof(node));
    tail - > next = NULL;
    ptr = tail;
    printf(" \nplease input 5 data == > \n");
    for(i =0;i < = 4;i ++ )
    {
        scanf("% d",&num);
        ptr - > data = num;
        head = (link)malloc(sizeof(node));
        head - > next = ptr;
        ptr = head;
    }
    ptr = ptr - > next;
    while(ptr!  = NULL)
    {
```

```
    printf("The value is == >%d\n",ptr - > data);
    ptr = ptr - > next;
  }
}
```

==

【程序 74】

题目：连接两个链表。

程序源代码：

```
#include "stdlib. h"
#include "stdio. h"
#include "conio. h"
struct list
{
  int data;
  struct list * next;
};
typedef struct list node;
typedef node * link;
link delete_node(link pointer,link tmp)
{
  if ( tmp == NULL) /* delete first node */
  return pointer - > next;
  else
  {
    if(tmp - > next - > next == NULL)/* delete last node */
      tmp - > next = NULL;
    else                          /* delete the other node */
      tmp - > next = tmp - > next - > next;
    return pointer;
  }
}
void selection_sort(link pointer,int num)
{
  link tmp,btmp;
  int i,min;
  for(i = 0;i < num;i ++ )
  {
    tmp = pointer;
    min = tmp - > data;
    btmp = NULL;
```

```c
        while( tmp - > next)
         {
           if( min > tmp - > next - > data)
            {
              min = tmp - > next - > data;
              btmp = tmp;
            }
            tmp = tmp - > next;
         }
        printf( " \40: % d\n" ,min) ;
        pointer = delete_node( pointer,btmp) ;
      }
}
link create_list( int array[ ] ,int num)
{
   link tmp1 ,tmp2 ,pointer;
   int i;
   pointer = ( link) malloc( sizeof( node) ) ;
   pointer - > data = array[ 0] ;
   tmp1 = pointer;
   for( i = 1 ;i < num;i ++ )
    {
      tmp2 = ( link) malloc( sizeof( node) ) ;
      tmp2 - > next = NULL;
      tmp2 - > data = array[ i] ;
      tmp1 - > next = tmp2;
      tmp1 = tmp1 - > next;
    }
   return pointer;
}
link concatenate( link pointer1 ,link pointer2)
{
   link tmp;
   tmp = pointer1 ;
   while( tmp - > next)
     tmp = tmp - > next;
   tmp - > next = pointer2 ;
   return pointer1 ;
}
void main( void)
{
```

```
int arr1[ ] = {3,12,8,9,11};
link ptr;
ptr = create_list(arr1,5);
selection_sort(ptr,5);
}
```

==

【程序 75】

题目：条件累加示例。

程序源代码：

```
main( )
{
  int i,n;
  for(i = 1;i < 5;i ++ )
  {
    n = 0;
    if(i! = 1)
      n = n + 1;
    if(i == 3)
      n = n + 1;
    if(i == 4)
      n = n + 1;
    if(i! = 4)
      n = n + 1;
    if(n == 3)
      printf("zhu hao shi de shi:% c",64 + i);
  }
}
```

==

【程序 76】

题目：编写一个函数，输入 n 为偶数时，调用函数求 1/2 + 1/4 + … + 1/n，当输入 n 为奇数时，
     调用函数 1/1 + 1/3 + … + 1/n（利用指针函数）。

程序源代码：

```
#include "stdio. h"
#include "conio. h"
main( )
{
  float peven( ),podd( ),dcall( );
  float sum;
  int n;
```

```c
  while (1)
  {
    scanf("%d",&n);
    if(n>1)
      break;
  }
  if(n%2==0)
  {
    printf("Even = ");
    sum = dcall(peven,n);
  }
  else
  {
    printf("Odd = ");
    sum = dcall(podd,n);
  }
  printf("%f",sum);

}
float peven(int n)
{
  float s;
  int i;
  s = 1;
  for(i=2;i<=n;i+=2)
    s += 1/(float)i;
  return(s);
}
float podd(n)
int n;
{
  float s;
  int i;
  s = 0;
  for(i=1;i<=n;i+=2)
    s += 1/(float)i;
  return(s);
}
float dcall(fp,n)
float (*fp)();
int n;
```

```
}
    float s;
    s = ( *fp)(n);
    return(s);
}
```

===

【程序 77】

题目：填空练习（指向指针的指针）。

程序源代码：

```
#include "stdio. h"
#include "conio. h"
main( )
{
    char *s[ ] = {"man","woman","girl","boy","sister"};
    char **q;
    int k;
    for(k = 0;k < 5;k ++ )
    {           ;/*这里填写什么语句*/
        printf("% s\n", *q);
    }
}
```

===

【程序 78】

题目：找到年龄最大的人并输出。请找出程序中有什么问题。

程序源代码：

```
#define N 4
#include "stdio. h"
#include "conio. h"
static struct man
{
    char name[20];
    int age;
} person[N] = {"li",18,"wang",19,"zhang",20,"sun",22};
main( )
{
    struct man *q, *p;
    int i,m = 0;
    p = person;
    for ( i = 0;i < N;i ++ )
```

```
    {
      if( m < p － > age)
      q = p ++ ;
      m = q － > age;
    }
    printf( "% s,% d",( *q). name,( *q). age) ;
    }
```

===

【程序 79】

题目：字符串排序。

程序源代码：

```
#include "stdio. h"
#include "conio. h"
main( )
{
    char *str1[20],*str2[20],*str3[20];
    char swap( ) ;
    printf( "please input three strings\n") ;
    scanf( "% s",str1) ;
    scanf( "% s",str2) ;
    scanf( "% s",str3) ;
    if( strcmp( str1,str2) >0) swap( str1,str2) ;
    if( strcmp( str1,str3) >0) swap( str1,str3) ;
    if( strcmp( str2,str3) >0) swap( str2,str3) ;
    printf( "after being sorted\n") ;
    printf( "% s\n% s\n% s\n",str1,str2,str3) ;
    }
char swap( p1,p2)
char *p1,*p2;
{
    char *p[20] ;
    strcpy( p,p1) ;
    strcpy( p1,p2) ;
    strcpy( p2,p) ;
}
```

===

【程序 80】

题目：海滩上有一堆桃子，五只猴子来分。第一只猴子把这堆桃子平均分为五份，多了一个，
　　　这只猴子把多的一个扔入海中，拿走了一份。第二只猴子把剩下的桃子又平均分成五
　　　份，又多了一个，它同样把多的一个扔入海中，拿走了一份，第三、第四、第五只猴子

都是这样做的，问海滩上原来最少有多少个桃子?

程序源代码:

```c
#include " stdio. h"
#include " conio. h"
main( )
{
  int i,m,j,k,count;
  for(i =4;i <10000;i + =4)
  {
    count =0;
    m =i;
    for(k =0;k <5;k ++ )
    {
      j =i/4 *5 +1;
      i =j;
      if(j% 4 ==0)
        count ++ ;
      else
        break;
    }
    i =m;
    if( count ==4)
    {
      printf( " % d\n" ,count) ;
      break;
    }
  }
}
```

==

【程序 81】

题目: 809 * ?? = 800 * ?? + 9 * ?? + 1, 其中 ?? 代表的两位数, 8 * ?? 的结果为两位数, 9 * ??
的结果为 3 位数。求 ?? 代表的两位数, 及 809 * ?? 后的结果。

程序源代码:

```c
#include " stdio. h"
#include " conio. h"
output( long b,long i)
{
  printf( " \n% ld/% ld =809 * % ld + % ld" ,b,i,i,b% i) ;
}
main( )
```

```
{
  long int a,b,i;
  a = 809;
  for(i = 10;i < 100;i ++ )
  {
    b = i*a + 1;
    if( b >= 1000&&b <= 10000&&8*i < 100&&9*i >= 100)
    output( b,i) ;
  }
}
```

==

【程序 82】

题目：八进制转换为十进制。

程序源代码：

```
#include " stdio. h"
#include " conio. h"
main( )
{
  char *p,s[6];int n;
  p = s;
  gets( p) ;
  n = 0;
  while( *(p) != '\0')
  {
    n = n*8 + *p - '0';
    p ++ ;
  }
  printf( " % d" ,n) ;
}
```

==

【程序 83】

题目：求 0 ~ 7 所能组成的奇数个数。

程序源代码：

```
#include " stdio. h"
#include " conio. h"
main( )
{
  long sum = 4,s = 4;
  int j;
  for( j = 2;j <= 8;j ++ )/*j is place of number*/
```

```
    {
      printf(" \n% ld",sum);
      if(j <=2)
        s* =7;
      else
        s* =8;
      sum + = s;
    }
    printf(" \nsum = % ld",sum);
    }
```

==

【程序 84】

题目：一个偶数总能表示为两个素数之和。

程序源代码：

```
#include " stdio. h"
#include " conio. h"
#include " math. h"
main( )
{
  int a,b,c,d;
  scanf(" % d",&a);
  for(b =3;b <= a/2;b + =2)
  {
    for(c =2;c <= sqrt(b);c ++ )
      if(b% c ==0) break;
    if(c > sqrt(b))
      d = a - b;
    else
      break;
    for(c =2;c <= sqrt(d);c ++ )
      if(d% c ==0) break;
    if(c > sqrt(d))
      printf(" % d = % d + % d\n",a,b,d);
  }
}
```

==

【程序 85】

题目：判断一个素数能被几个 9 整除。

程序源代码：

```c
#include "stdio. h"
#include "conio. h"
main( )
{
  long int m9 = 9,sum = 9;
  int zi,n1 = 1,c9 = 1;
  scanf("% d",&zi);
  while(n1 != 0)
  {
    if( ! (sum% zi))
      n1 = 0;
    else
    {
      m9 = m9 * 10;
      sum = sum + m9;
      c9 ++ ;
    }
  }
  printf("% ld,can be divided by % d \"9\"",sum,c9);
}
```

==

【程序 86】

题目：两个字符串连接程序。

程序源代码：

```c
#include "stdio. h"
#include "conio. h"
main( )
{
  char a[ ] = "acegikm";
  char b[ ] = "bdfhjlnpq";
  char c[80], *p;
  int i = 0,j = 0,k = 0;
  while(a[i] != '\0'&&b[j] != '\0')
  {
    if (a[i] < b[j])
    {
      c[k] = a[i];i ++ ;
    }
    else
      c[k] = b[j ++ ];
```

```
   k ++ ;
 }
 c[ k] = '\0';
 if( a[ i] == '\0')
   p = b + j;
 else
   p = a + i;
 strcat( c,p) ;
 puts( c) ;
 }
```

===

【程序 87】
题目：回答结果（结构体变量传递）。
程序源代码：

```
#include " stdio. h"
#include " conio. h"
struct student
{
  int x;
  char c;
} a;
main( )
{
  a. x = 3;
  a. c = 'a';
  f( a) ;
  printf(" % d,% c",a. x,a. c) ;
  getch( ) ;
}
f( struct student b)
{
  b. x = 20;
  b. c = 'y';
}
```

===

【程序 88】
题目：读取 7 个数（1～50）的整数值，每读取一个值，程序打印出该值个数的*。
程序源代码：

```
#include " stdio. h"
```

```
#include " conio. h"
main( )
{
  int i,a,n = 1;
  while( n <= 7 )
  {
    do
    {
      scanf( "% d" ,&a) ;
    } while( a < 1 ‖ a > 50 ) ;
    for( i = 1 ;i <= a;i ++ )
      printf( " * " ) ;
    printf( " \n" ) ;
    n ++ ;
  }
}
```

==

【程序 89】

题目：某个公司采用公用电话传递数据，数据是四位的整数，在传递过程中是加密的，加密规
　　　则为每位数字都加上5，然后用和除以 10 的余数代替该数字，再将第一位和第四位交
　　　换，第二位和第三位交换。

程序源代码：

```
#include " stdio. h"
#include " conio. h"
main( )
{
  int a,i,aa[ 4 ] ,t;
  scanf( "% d" ,&a) ;
  aa[ 0 ] = a% 10;
  aa[ 1 ] = a% 100/10;
  aa[ 2 ] = a% 1000/100;
  aa[ 3 ] = a/1000;
  for( i = 0 ;i <= 3 ;i ++ )
  {
    aa[ i ] + = 5;
    aa[ i ]% = 10;
  }
  for( i = 0 ;i <= 3/2 ;i ++ )
  {
    t = aa[ i ] ;
```

```
        aa[i] = aa[3 - i];
        aa[3 - i] = t;
    }
    for(i = 3;i > = 0;i - - )
        printf("%d",aa[i]);
}
```

==

【程序 90】

题目：读取逆置数组的结果。

程序源代码：

```
#include "stdio. h"
#define M 5
main( )
{
    int a[M] = {1,2,3,4,5};
    int i,j,t;
    i = 0;j = M - 1;
    while(i < j)
    {
        t = *(a + i);
        *(a + i) = *(a + j);
        *(a + j) = t;
        i + + ;j - - ;
    }
    for(i = 0;i < M;i + + )
        printf("%d",*(a + i));
}
```

==

【程序 91】

题目：时间函数举例（1）。

程序源代码：

```
#include "stdio. h"
#include "conio. h"
#include "time. h"
void main( )
{
    time_t lt; /* define a longint time varible*/
    lt = time(NULL);/* system time and date*/
    printf(ctime(&lt)); /* english format output*/
```

```
printf( asctime( localtime( &lt) ) ) ;/* tranfer to tm*/
printf( asctime( gmtime( &lt) ) ) ; /* tranfer to Greenwich time*/
  }
```

==

【程序 92】

题目：时间函数举例（2）。

程序源代码：

```
/* calculate time*/
#include "time. h"
#include "stdio. h"
#include "conio. h"
main( )
{
  time_t start,end;
  int i;
  start = time( NULL) ;
  for( i = 0;i < 30000;i ++ )
    printf( " \1 \1 \1 \1 \1 \1 \1 \1 \1 \n" ) ;
  end = time( NULL) ;
  printf( " \1 : The different is %6. 3f\n" ,difftime( end,start) ) ;
}
```

==

【程序 93】

题目：时间函数举例（3）。

程序源代码：

```
/* calculate time*/
#include "time. h"
#include "stdio. h"
#include "conio. h"
main( )
{
  clock_t start,end;
  int i;
  double var;
  start = clock( ) ;
  for( i = 0;i < 10000;i ++ )
    printf( " \1 \1 \1 \1 \1 \1 \1 \1 \1 \n" ) ;
  end = clock( ) ;
  printf( " \1 : The different is %6. 3f\n" ,( double) ( end-start) ) ;
}
```

==

【程序 94】

题目：时间函数举例（4），一个猜数游戏，判断一个人反应快慢。

程序源代码：

```c
#include "time. h"
#include "stdlib. h"
#include "stdio. h"
#include "conio. h"
main( )
{
    char c;
    clock_t start,end;
    time_t a,b;
    double var;
    int i,guess;
    srand(time(NULL));
    printf("do you want to play it. ('y' or 'n') \n");
loop:
    while((c = getchar( )) == 'y')
    {
        i = rand( )%100;
        printf("\nplease input number you guess:\n");
        start = clock( );
        a = time(NULL);
        scanf("%d",&guess);
        while(guess!  = i)
        {
            if(guess > i)
            {
                printf("please input a little smaller. \n");
                scanf("%d",&guess);
            }
            else
            {
                printf("please input a little bigger. \n");
                scanf("%d",&guess);
            }
        }
        end = clock( );
        b = time(NULL);
        printf("\1: It took you %6. 3f seconds\n",var = (double)(end-start)/18. 2);
```

```
    printf(" \1: it took you %6.3f seconds\n\n",difftime(b,a));
    if(var<15)
      printf(" \1\1 You are very clever! \1\1\n\n");
      else if(var<25)
        printf(" \1\1 you are normal! \1\1\n\n");
      else
        printf(" \1\1 you are stupid! \1\1\n\n");
    printf(" \1\1 Congradulations \1\1\n\n");
    printf("The number you guess is %d",i);
    }
  printf(" \ndo you want to try it again? (\"yy\". or. \"n\")\n");
  if((c=getch())=='y')
    goto loop;
}
```

===

【程序 95】

题目：家庭财务管理小程序。

程序源代码：

```
/* money management system */
#include "stdio. h"
#include "dos. h"
#include "conio. h"
main()
{
  FILE *fp;
  struct date d;
  float sum,chm=0.0;
  int len,i,j=0;
  int c;
  char ch[4]="",ch1[16]="",chtime[12]="",chshop[16],chmoney[8];
pp:
  clrscr();
  sum=0.0;
  gotoxy(1,1);printf(" |-----------------------------------------------------------|");
  gotoxy(1,2);printf(" | money management system(C1.0) 2000.03 |");
  gotoxy(1,3);printf(" |-----------------------------------------------------------|");
  gotoxy(1,4);printf(" | -- money records -- | -- today cost list -- |");
  gotoxy(1,5);printf(" | -------------- -------|-------------------------------|");
  gotoxy(1,6);printf(" | date: -------------- ||");
  gotoxy(1,7);printf(" |||||");
```

```
gotoxy(1,8);printf(" | ---------- ||");
gotoxy(1,9);printf(" | thgs: ------------||");
gotoxy(1,10);printf(" |||||");
gotoxy(1,11);printf(" | ------------- ||");
gotoxy(1,12);printf(" |cost: --------||");
gotoxy(1,13);printf(" |||||");
gotoxy(1,14);printf(" | --------||");
gotoxy(1,15);printf(" |||");
gotoxy(1,16);printf(" |||");
gotoxy(1,17);printf(" |||");
gotoxy(1,18);printf(" |||");
gotoxy(1,19);printf(" |||");
gotoxy(1,20);printf(" |||");
gotoxy(1,21);printf(" |||");
gotoxy(1,22);printf(" |||");
gotoxy(1,23);printf(" |-----------------------------------------------------------|");
i=0;
getdate(&d);
sprintf(chtime,"%4d. %02d. %02d",d. da_year,d. da_mon,d. da_day);
for( ; ;)
  {
    gotoxy(3,24);printf(" Tab __browse cost list Esc __quit");
    gotoxy(13,10);printf(" ");
    gotoxy(13,13);printf(" ");
    gotoxy(13,7);printf("%s",chtime);
    j=18;
    ch[0] = getch();
    if( ch[0] ==27)
      break;
    strcpy(chshop,"");
    strcpy(chmoney,"");
    if( ch[0] ==9)
    {
mm:
      i=0;
      fp = fopen("home. dat","r+");
      gotoxy(3,24);printf(" ");
      gotoxy(6,4);printf(" list records ");
      gotoxy(1,5);printf(" |----------------------------|");
      gotoxy(41,4);printf(" ");
      gotoxy(41,5);printf(" |");
```

```
        while(fscanf(fp,"%10s%14s%f\n",chtime,chshop,&chm)!=EOF)
        {
            if(i==36)
            {
                getch();
                i=0;
            }
            if((i%36)<17)
            {
                gotoxy(4,6+i);
                printf(" ");
                gotoxy(4,6+i);
            }
            else
                if((i%36)>16)
                {
                    gotoxy(41,4+i-17);
                    printf(" ");
                    gotoxy(42,4+i-17);
                }
            i++;
            sum=sum+chm;
            printf("%10s %-14s %6.1f\n",chtime,chshop,chm);
        }
        gotoxy(1,23);printf("|--------------------------------------------------|");
        gotoxy(1,24);printf("||");
        gotoxy(1,25);printf("|--------------------------------------------------|");
        gotoxy(10,24);printf("total is %8.1f$",sum);
        fclose(fp);
        gotoxy(49,24);printf("press any key to……");getch();goto pp;
    }
    else
    {
        while(ch[0]!='\r')
        {
            if(j<10)
            {
                strncat(chtime,ch,1);
                j++;
            }
            if(ch[0]==8)
```

```
    {
        len = strlen( chtime) - 1;
        if( j > 15)
        { len = len + 1; j = 11;}
        strcpy( ch1 ,"");
        j = j - 2;
        strncat( ch1 ,chtime ,len) ;
        strcpy( chtime ,"") ;
        strncat( chtime ,ch1 ,len - 1) ;
        gotoxy( 13 ,7) ;printf(" ") ;
    }
    gotoxy( 13 ,7) ;printf( "% s" ,chtime) ;ch[ 0] = getch( ) ;
    if( ch[ 0] ==9)
        goto mm;
    if( ch[ 0] ==27)
        exit( 1) ;
}
gotoxy( 3 ,24) ;printf(" ") ;
gotoxy( 13 ,10) ;
j = 0;
ch[ 0] = getch( ) ;
while( ch[ 0] != '\r')
{
    if ( j < 14)
    {
        strncat( chshop ,ch ,1) ;
        j ++ ;
    }
    if( ch[ 0] ==8)
    {
        len = strlen( chshop) - 1;
        strcpy( ch1 ,"") ;
        j = j - 2;
        strncat( ch1 ,chshop ,len) ;
        strcpy( chshop ,"") ;
        strncat( chshop ,ch1 ,len - 1) ;
        gotoxy( 13 ,10) ;printf(" ") ;
    }
    gotoxy( 13 ,10) ;printf( "% s" ,chshop) ;ch[ 0] = getch( ) ;
}
gotoxy( 13 ,13) ;
```

```
      j = 0;
      ch[0] = getch();
      while(ch[0]!='\r')
      {
        if (j < 6)
        {
          strncat(chmoney,ch,1);
          j++;
        }
        if(ch[0]==8)
        {
          len = strlen(chmoney) - 1;
          strcpy(ch1,"");
          j = j - 2;
          strncat(ch1,chmoney,len);
          strcpy(chmoney,"");
          strncat(chmoney,ch1,len-1);
          gotoxy(13,13);printf(" ");
        }
        gotoxy(13,13);printf("%s",chmoney);ch[0] = getch();
      }
      if((strlen(chshop)==0)||(strlen(chmoney)==0))
        continue;
      if((fp = fopen("home. dat","a+"))!=NULL);
        fprintf(fp,"%10s%14s%6s",chtime,chshop,chmoney);
      fputc('\n',fp);
      fclose(fp);
      i++;
      gotoxy(41,5+i);
      printf("%10s % -14s % -6s",chtime,chshop,chmoney);
    }
  }

}
```

===

【程序 96】

题目：计算字符串中子串出现的次数。

程序源代码：

```
#include "string. h"
#include "stdio. h"
```

```
#include "conio. h"
main( )
{
    char str1[20],str2[20],*p1,*p2;
    int sum = 0;
    printf("please input two strings\n");
    scanf("%s%s",str1,str2);
    p1 = str1;p2 = str2;
    while(*p1 != '\0')
    {
        if(*p1 == *p2)
        {
            while(*p1 == *p2&&*p2 != '\0')
            {
                p1 ++;
                p2 ++;
            }
        }
        else
            p1 ++;
        if(*p2 == '\0')
            sum ++;
        p2 = str2;
    }
    printf("%d",sum);

}
```

==

【程序 97】

题目：从键盘输入一些字符，逐个把它们送到磁盘上去，直到输入一个#为止。

程序源代码：

```
#include "stdio. h"
main( )
{
    FILE *fp;
    char ch,filename[10];
    scanf("%s",filename);
    if(( fp = fopen(filename,"w")) == NULL)
    {
        printf("cannot open file\n");
```

```
        exit(0);
    }
    ch = getchar();
    ch = getchar();
    while(ch!='#')
    {
        fputc(ch,fp);
        putchar(ch);
        ch = getchar();
    }
    fclose(fp);
}
```

==

【程序 98】

题目：从键盘输入一个字符串，将小写字母全部转换成大写字母，然后输出到一个磁盘文件
　　　 "test" 中保存。输入的字符串以！结束。

程序源代码：

```
#include "stdio. h"
#include "conio. h"
main()
{
    FILE *fp;
    char str[100],filename[10];
    int i = 0;
    if((fp = fopen("test","w")) == NULL)
    {
        printf("cannot open the file\n");
        exit(0);
    }
    printf("please input a string:\n");
    gets(str);
    while(str[i]!='!')
    {
        if(str[i] >= 'a'&&str[i] <= 'z')
            str[i] = str[i] - 32;
        fputc(str[i],fp);
        i ++;
    }
    fclose(fp);
    fp = fopen("test","r");
```

```
      fgets( str,strlen( str) + 1 ,fp) ;
      printf( " % s\n" ,str) ;
      fclose( fp) ;
    }
```

==

【程序 99】

题目：有两个磁盘文件 A 和 B，各存放一行字母，要求把这两个文件中的信息合并（按字母顺序排列），输出到一个新文件 C 中。

程序源代码：

```c
#include " stdio. h"
#include " conio. h"
main( )
{
  FILE *fp;
  int i,j,n,ni;
  char c[160] ,t,ch;
  if( ( fp = fopen( "A" ,"r" ) ) == NULL)
  {
    printf( "file A cannot be opened\n" ) ;
    exit(0) ;
  }
  printf( "\n A contents are :\n" ) ;
  for( i = 0 ;( ch = fgetc( fp) )!= EOF;i ++ )
  {
    c[ i] = ch;
    putchar( c[ i] ) ;
  }
  fclose( fp) ;
  ni = i;
  if( ( fp = fopen( "B" ,"r" ) ) == NULL)
  {
    printf( "file B cannot be opened\n" ) ;
    exit(0) ;
  }
  printf( "\n B contents are :\n" ) ;
  for( i = 0 ;( ch = fgetc( fp) )!= EOF;i ++ )
  {
    c[ i] = ch;
    putchar( c[ i] ) ;
  }
```

```
    fclose(fp);
    n = i;
    for(i = 0;i < n;i ++)
       for(j = i + 1;j < n;j ++)
          if(c[i] > c[j])
          {t = c[i];c[i] = c[j];c[j] = t;}
    printf(" \n C file is:\n");
    fp = fopen("C","w");
    for(i = 0;i < n;i ++)
    {
       putc(c[i],fp);
       putchar(c[i]);
    }
    fclose(fp);
    }
```

==

【程序 100】

题目：有五个学生，每个学生有 3 门课的成绩，从键盘输入以上数据（包括学生号、姓名、三门课成绩），计算出平均成绩，将原有的数据和计算出的平均分数存放在磁盘文件 "stud" 中。

程序源代码：

```
#include "stdio. h"
#include "conio. h"
struct student
{
    char num[6];
    char name[8];
    int score[3];
    float avr;
} stu[5];
main()
{
    int i,j,sum;
    FILE * fp;
    / * input * /
    for(i = 0;i < 5;i ++)
    {
       printf(" \n please input No. % d score:\n",i);
       printf("stuNo:");
       scanf("% s",stu[i]. num);
```

```
      printf("name:");
      scanf("%s",stu[i].name);
      sum=0;
      for(j=0;j<3;j++)
      {
         printf("score %d.",j+1);
         scanf("%d",&stu[i].score[j]);
         sum+=stu[i].score[j];
      }
      stu[i].avr=sum/3.0;
   }
   fp=fopen("stud","w");
   for(i=0;i<5;i++)
      if(fwrite(&stu[i],sizeof(struct student),1,fp)!=1)
         printf("file write error\n");
   fclose(fp);
}
```

小　结

本章为选修内容，为了增强学习 C 语言的动力和兴趣，在这里讲解了 C 语言常见的出错形式和大量的实例，给出了实例的原代码和容易出现错误的地方，可以加深对 C 语言的理解。常见错误有：

（1）书写标识符时，忽略了大小写字母的区别。

（2）忽略了变量的类型，进行了不合法的运算。

（3）将字符常量与字符串常量混淆。

（4）忽略了" = "与" == "的区别。

（5）忘记加分号。

（6）多加分号。

（7）输入变量时忘记加地址运算符"&"。

（8）输入数据的方式与要求不符。

（9）输入字符的格式与要求不一致。

（10）输入数据时，企图规定精度。

（11）switch 语句中漏写 break 语句。

（12）忽视了 while 和 do-while 语句在细节上的区别。

（13）定义数组时误用变量。

（14）在定义数组时，将定义的"元素个数"误认为是可使用的最大下标值。

（15）初始化数组时，未使用静态存储。

（16）在不应加地址运算符 & 的位置加了地址运算符。

（17）同时定义了形参和函数中的局部变量。

附录

附录 A ASCII 字符编码表

码 值	字 符	码 值	字 符	码 值	字 符	码 值	字 符
0	NULL	32	空格	64	@	96	`
1	SOH	33	!	65	A	97	a
2	STX	34	"	66	B	98	b
3	ETX	35	#	67	C	99	c
4	EOT	36	$	68	D	100	d
5	ENQ	37	%	69	E	101	e
6	ACK	38	&	70	F	102	f
7	BEL	39	'	71	G	103	g
8	BS	40	(	72	H	104	h
9	TAB	41	)	73	I	105	i
10	LF	42	*	74	J	106	j
11	VT	43	+	75	K	107	k
12	FF	44	,	76	L	108	l
13	CR	45	–	77	M	109	m
14	SO	46	.	78	N	110	n
15	SI	47	/	79	O	111	o
16	DLE	48	0	80	P	112	p
17	DC1	49	1	81	Q	113	q
18	DC2	50	2	82	R	114	r
19	DC3	51	3	83	S	115	s
20	DC4	52	4	84	T	116	t
21	NAK	53	5	85	U	117	u
22	SYN	54	6	86	V	118	v
23	ETB	55	7	87	W	119	w
24	CAN	56	8	88	X	120	x
25	EM	57	9	89	Y	121	y
26	SUB	58	:	90	Z	122	z
27	ESC	59	;	91	[	123	{
28	FS	60	<	92	\	124		
29	GS	61	=	93	]	125	}
30	RS	62	>	94	^	126	~
31	US	63	?	95	_		

　　ASCII 码——称为"美国信息交换标准码，American Standard Code for Information Inter-change"。

　　人们发明了计算机，并知道如何使用内存中的 0101 来表示数和机器码。但是人类最主要的信息展现形式是文本，如何用内存中的 bit 来表示文本一直困扰着人们，这种情况一直持续到 ASCII 码发明成功后才被真正解决。简单说 ASCII 码就是解决了一个以数字形式表示文本的问题。

　　用实例看看 ASCII 码是如何以数字形式表示文本的。

　　(1) ASCII 码'A'其内存存储字节 2 进制表示为"01000001"，其 16 进制值为 0x41，其 10 进制值为 65（这里的值实际上是'A'在 ASCII 码表中编号）。

验证过程：

```
char c = 'A';
printf("%c\n", c);/* A */
printf("%x\n", c);/* 41 */
printf("%d\n", c);/* 65 */
```

　　(2) ASCII 码'6'其内存存储字节 2 进制表示为"00110110"，其 16 进制值为 0x36，其 10 进制值为 54（这里的值实际上是'6'在 ASCII 码表中的编号）。

验证过程：

```
char c = '6';
printf("%c\n", c);/* 6 */
printf("%x\n", c);/* 36 */
printf("%d\n", c);/* 54 */
```

　　ASCII 码的记忆是非常简单的。我们只要记住了一个字母或数字的 ASCII 码（例如记住 A 为 65，0 的 ASCII 码为 48），知道相应的大小写字母之间差 32，就可以推算出其余字母、数字的 ASCII 码。

附录 B　C 库 函 数

　　每一种 C 语言编译系统都提供了一批库函数,不同的编译系统提供的库函数的数目和函数名以及函数功能不完全相同。由于 C 语言库函数的种类和数目很多,限于篇幅,本附录不能全部介绍,只从教学需要的角度列出最基本的。读者在编制 C 语言程序时可能要用到更多的函数,请查阅所用系统的手册。

B.1　数学函数

　　数学函数:使用数学函数时,应该在该源文件中使用#include " math. h"。

函数名	函数和形参类型	功　　能	返 回 值
acos	double acos(x) double x;	计算 $\arccos(x)$ 的值	计算结果
asin	double asin(x) double x;	计算 $\arcsin(x)$ 的值	计算结果
atan	double atan(x) double x;	计算 $\arctan(x)$ 的值	计算结果
atan2	double atan2(x,y) double x,y;	计算 $\arctan(x/y)$ 的值	计算结果
cos	double cos(x) double x;	计算 $\cos(x)$ 的值	计算结果
cosh	double cosh(x) double x;	计算 x 的双曲余弦 $\cosh(x)$ 的值	计算结果
exp	double exp(x) double x;	求 ex 的值	计算结果
fabs	double fabs(x) double x;	求 x 的绝对值	计算结果
floor	double floor(x) double x;	求出不大于 x 的最大整数	该整数的双精度实数
fmod	double fmod(x,y) double x,y;	求整除 x/y 的余数	返回余数的双精度数
frexp	double frexp (val, epb) double val;int *eptr;	把双精度数 val 分解为数字部分(尾数) x 和以 2 为底的指数 n,即 $val = x * 2^n$,n 存放在 eptr 指向的变量中	返回数字部分 x $0.5 \leqslant x < 1$
log	double log(x) double x;	求 $\log_e x$,即 lnx	计算结果
log10	double log10(x) double x;	求 $\log_{10} x$	计算结果
modf	double modf (val, iptr) double val;double *iptr;	把双精度数 val 分解为整数部分和小数部分,把整数部分存到 iptr 指向的单元	val 的小数部分
pow	double pow(x,y)double x,y;	计算 x^y 的值	计算结果
sin	double sin(x)double x;	计算 sinx 的值	计算结果
sinh	double sinh(x) double x;	计算 x 的双曲正弦函数 $\sinh(x)$ 的值	计算结果
sqrt	double sqrt(x) double x;	计算 $x^{\frac{1}{2}}$	计算结果
tan	double tan(x)double x;	计算 $\tan(x)$ 的值	计算结果
tanh	double tanh(x) double x;	计算 x 的双曲正切函数 $\tanh(x)$ 的值	计算结果

B. 2　输入输出函数

输入输出函数：凡用以下函数，应该使用#include " stdio. h" 把 stdio. h 头文件包含到源程序文件中。

函数名	函数和形参类型	功　能	返 回 值
clearerr	void clearerr(fp) file * fp;	清除文件指针错误。指示器	无
close	int close(fp) int fp;	关闭文件	关闭成功返回0，不成功返回 −1
creat	int creat (filename, mode) char * filename;int mode;	以 mode 所指定的方式建立文件	成功则返回正数；否则返回 −1
·eof	int eof(fd) int fd;	检查文件是否结束	遇文件结束，返回1；否则返回0
fclose	int fclose(fp) FILE * fp;	关闭 fp 所指的文件，释放文件缓冲区	有错则返回非0；否则返回0
feof	int feof(fp) FILE * fp;	检查文件是否结束	遇文件结束符返回非 0 值；否则返回0
fgetc	int fgetc(fp) FILE * fp;	从 fp 所指定的文件中取得下一个字符	返回所得到的字符。若读入出错，返回 EOF
fgets	char * fgets (buf, n, fp) char * buf; int n;FILE * fp;	从 fp 指向的文件读取一个长度为 (n−1) 的字符串，存入起始地址为 buf 的空间	返回地址 buf，若遇文件结束或出错，返回 NULL
fopen	FILE * fopen (f: lename, mode) char * filename, * mode;	以 mode 指定的方式打开名为 Filename 的文件	成功返回一个文件指针（文件信息区的起始地址）；否则返回0
fprintf	int fprintf (fp, format, args, …) FILE * fp;char * format;	把 args 的值以 format 指定的格式输出到 fp 所指定的文件中	实际输出的字符数
fputc	int fputc(ch,fp) char ch;FILE * fp;	将字符 ch 输出到 fp 所指向的文件中	成功返回该字符：否则返回 EOF
fputs	int fputs (str, fp) char * str; FILE * fp;	将 s 所指向的字符串输出到 fp 所指定的文件中	返回0；若出错返回非0值
fread	int fread (pt, size, n, fp) char * pt; unsignedsize; unsignedn; FILE * fp;	从 fp 所指定的文件中读出长度为 size 的 n 个数据项，存到 pt 所指向的内存区	返回所读的数据项个数；如遇文件结束或出错返回0
fscanf	int fscanf (fp, format, args, …) FILE * fp;char format;	从中指定的文件中按 format 给定的格式将输入数据送到 args 所指向的内存单元（args 是指针）	已输入的数据个数
fseek	int fseek(fp,offset,base) FILE * fp;longoffset;int base;	将 fp 所指向的文件的位置指针移到以 base 所指出的位置为基准、以 offset 为位移量的位置	返回当前位置：否则返回 −1
ftell	long ftell(fp) FILE * fp;	返回 fp 所指向的文件中的读写位置	返回 fp 所指向的文件中的读写位置
fwrite	int fwrite (ptr, size, n, fp) char * ptr; unsignedsize; unsignedn; FILE * fp;	把 ptr 所指向的 n * size 个字节输出到 fp 所指向的文件中	写到文件中的数据项的个数

续表

函数名	函数和形参类型	功　能	返　回　值
getc	int getc(fp) FILE * fp;	从 fp 所指向的文件中读入一个字符	返回所读的字符，若文件结束 或出错，返回 EOF
getchar	int getchar( )	从标准输入设备读取下一个字符	所读字符。若文件结束或出错，返回 −1
getw	int getw(fp) FILE * fp;	从 fp 所指向的文件读取下一个字（整数）	输入的整数。如文件结束符或出错，返回 −1
open	int open (fllename , mode) char * filename; int mode;	以 mode 指出的方式打开已存在的名为 filename 的文件	返回文件号（正数）。如打开失败，返回 −1
printf	int printf (format , args , · · ·) char * format;	将输出表列 args 的值输出到标准输出设备	输出字符的个数。若出错，返回负数
putc	int putc (ch , fp) int ch ; FILE 0; fp;	把一个字符 ch 输出到 fp 所指的文件 fp	输出字符 ch。若出错，返回 EOF
putchar	int putchar(ch) char ch;	将字符 ch 输出到标准输出设备	输出字符 ch。若出错，返回 EOF
puts	int puts(w,fp) int w; FILE * fp;	将一个整数 w（即一个字）写到 fp 指向的文件中	返回输出的整数。若出错，返回 EOF
read	int read (fd , buf , count) int fd; char * bu; unsigned count;	从文件号 fd 所指示的文件中读 count 个字节到由 buf 指示的缓冲区中	返回真正读入的字节个数。如遇文件结束返回 0，出错返回 −1
rename	int rename (oldname , newname) char * oldname , * newname;	把由 oldname 所指的文件名，改为由 newname 所指定的文件名	成功返回 0，出错返回 −1
rewind	void rewind(fp) FILE * fp;	将 fp 指示的文件中的位置指针置于文件开头位置，并清除文件结束标志和错误标志	无
scanf	int scanf (format , args , ……) char * format;	从标准输入设备按 format 指向的格式字符串规定的格式，输入数据给 args 所指向的单元	读入并赋给 args 的数据个数。遇文件结束返回 EOF，出错返回 0
write	int write (fd , buf , count) int fd; char * buf; unsigned count;	从 buf 指示的缓冲区输出 count 个字符到 fd 所标志的文件中	返回实际输出的字节数。如出错返回 −1

B.3　字符和字符串函数

字符函数和字符串函数：ANSI C 标准要求在使用字符串函数时要包含文件"string. h"，在使用字符函数时要包含头文件"ctype. h"。有的 C 编译不遵循 ANCI C 标准的规定，而用其他名称的头文件。请使用时查有关手册。

函数名	函数和形参类型	功　能	返　回　值
isalnum	int isalnum(ch) int ch;	检查 ch 是否是字母（alpha）或数字（numeric）	是字母或数字返回 1；否则返回 0
isalpha	int isalpha(ch) int ch	检查 ch 是否是字母	是，返回 1；否则返回 0
iscntrl	int iscntrl(ch) int ch;	检查 ch 是否是控制字符（其 ASCII 码在 0 和 0x1F 之间）	是，返回 1；不是，返回 0

续表

函数名	函数和形参类型	功　能	返　回　值
isdigit	int isdigit(ch) int ch;	检查 ch 是否是数字（0～9）	是，返回 1；不是，返回 0
isgraph	int isgraph(ch) int ch;	检查 ch 是否可打印字符（其 ASCII 码在 0x21 到 0x7E 之间），不包括空格	是，返回 1；不是，返回 0
islower	int islower(ch) int ch;	检查 ch 是否是小写字母（a～z）	是，返回 1；不是，返回 0
isprint	int isprint(ch) int ch;	检查 ch 是否是可打印字符（包括空格），其 ASCII 码在 0x20 到 0x7E 之间	是，返回 1；不是，返回 0
ispunct	int ispunct(ch) int ch;	检查 ch 是否是标点字符（不含空格），即除字母、数字和空格以外的所有可打印字符	是，返回 1；不是，返回 0
isspace	int isspace(ch) int ch;	检查 ch 是否是空格、跳格符（制表符）或换行符	是，返回 1；不是，返回 0
isupper	int isupper(ch) int ch;	检查 ch 是否是大写字母（A～Z）	是，返回 1；不是，返回 0
isxdigit	int isxdigit(ch) int ch;	检查 ch 是否是一个 16 进制数学字符（即 0～9，A～F 或 a～f）	是，返回 1；不是，返回 0
strcat	char * strcat (str1 , str2) char * str1 , * str2;	把字符串 str2 接到 str1 后面，str1 最后面的"\0"被取消	str1
strchr	char * strchr(str, ch) char * str; int ch;	找出 str 指向的字符串中第一次出现字符 ch 的位置	返回指向该位置的指针，如找不到，则返回空指针
strcmp	int strcmp(str1, str2) char * str1, str2;	比较两个字符串 str1、str2	str1 = str2，返回 0；str1 > str2，返正数；str1 < str2，返负数
strcpy	char * strcpy (str1, str2) char i, str1 , str2;	把 str2 指向的字符串复制到 str1 中去	str1
strlen	unsigned int strlen (str) char * str;	统计字符串 str 中字符的个数（不包括终止符"\0"）	返回字符个数
strstr	char * strstr (str1 , str2) chat * str1 , str2;	找出 str2 字符串在 str1 字符串中第一次出现的位置（不包括 str2 的串结束符）	返回该位置的指针，如找不到，返回空指针
tolower	int tolower(ch) int ch;	将 ch 字符转换为小写字母	返回 ch 所代表的字符的小写字母
toupper	int toupper(ch) int ch;	将 ch 字符转换成大写字母	与 ch 相应的大写字母

B. 4　动态存储分配函数

ANSI 标准建议在 stdlib. h 头文件中包含有关的信息，但许多 C 编译要求用 malloc. h 而不是 stdlib. h。读者在使用时应查阅相关手册。ANSI 标准要求动态分配系统返回 void 指针。void 指针具有一般性，它们可以指向任何类型的数据。但目前绝大多数 C 编译所提供的这类函数都返回 char 指针。无论以上两种情况的哪一种，都需要有强制类型转换的方法把 char 指针转换成所需的类型。

函数名	函数和形参类型	功　能	返　回　值
calloc	void（或 char）* calloc（n, size）unsigned n; unsigned size;	分配 n 个数据的内存连续空间，每个数据项的大小为 size	分配内存单元的起始地址。如不成功，返回 0
free	void free（p）; void（或 char）* p;	释放 p 所指的内存区	无
malloc	void（或 char）* malloc（size）unsigned size;	分配 size 字节的存储区	所分配的内存区地址，如内存不够，返回 0
realloc	void（或 char）* realloc（p, size）void（或 char）* p; unsigned size;	将 f 所指出的已分配内存区的大小改为 size。size 可以比原来分配的空间大或小	返回指向该内存区的指针

附录 C　C 语言关键字用途表

auto	声明自动变量一般不使用
double	声明双精度变量或函数
int	声明整型变量或函数
struct	声明结构体变量或函数
break	跳出当前循环
else	条件语句否定分支（与 if 连用）
long	声明长整型变量或函数
switch	用于开关语句
case	开关语句分支
enum	声明枚举类型
register	声明积存器变量
typedef	用以给数据类型取别名（当然还有其他作用）
char	声明字符型变量或函数
extern	声明变量是在其他文件中声明（也可以看做是引用变量）
return	子程序返回语句（可以带参数，也可不带参数）
union	声明联合数据类型
const	声明只读变量
float	声明浮点型变量或函数
short	声明短整型变量或函数
unsigned	声明无符号类型变量或函数
continue	结束当前循环，开始下一轮循环
for	一种循环语句（可意会不可言传）
signed	生命有符号类型变量或函数
void	声明函数无返回值或无参数，声明无类型指针（基本上就这三个作用）
default	开关语句中的"其他"分支
goto	无条件跳转语句
sizeof	计算数据类型长度
volatile	说明变量在程序执行中可被隐含地改变
do	循环语句的循环体
while	循环语句的循环条件
static	声明静态变量
if	条件语句

附录 D 运算符的优先级和结合方向

优 先 级	运 算 符	结 合 方 向
1	[ ] ( ) - >.	从左至右
2	! ~ ++ -- - * & sizeof	从右至左
3	* / %	从左至右
4	+ -	从左至右
5	<< >>	从左至右
6	<<= >>=	从左至右
7	== !=	从左至右
8	&	从左至右
9	^	从左至右
10	|	从左至右
11	&&	从左至右
12	| |	从左至右
13	?:	从右至左
14	= += -= *= /= %= &= ^= |= >>= <<=	从右至左
15	,	从左至右

附录 E　Turbo C2.0 的集成环境

E.1　Turbo C2.0 集成开发环境的使用

进入 Turbo C2.0 系统需要调用 tc.exe 文件，可以在 DOS 平台下，在 tc 子目录下键入 tc 回车，进入 Turbo C2.0；也可以在 Windows 平台下，打开 tc 文件夹，双击 tc.exe 应用程序，进入 Turbo C2.0。

E.1.1　Turbo C2.0 的工作窗口

打开 Turbo C2.0 后，会显示 Turbo C2.0 的版本信息框，用户只需按任意键，此信息框就会关闭。启动后的 Turbo C2.0 的工作窗口如图 E-1 所示。

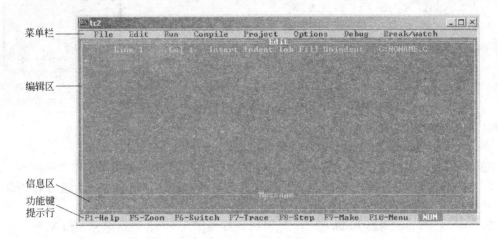

图 E-1　Turbo C2.0 的工作窗口

Turbo C2.0 窗口包括如下的内容：

（1）菜单栏。包括 File（文件）、Edit（编辑）、Run（运行）、Compile（编译）、Project（项目）、Options（选项）、Debug（调试）、Break/watch（断点/监视）主菜单。除 Edit 项外每一个主菜单还有相应的子菜单，只要用 Alt 加上某项中第一个字母，就可进入该项的子菜单中。通过菜单可以实现相应的操作。

（2）编辑区。正上方有 Edit 字符作为标志。编辑窗口的作用是对 Turbo C 源代码进行输入和编辑。源代码程序在这个窗口显示。该窗口的上部有一行说明性标志，如 Line 1 和 Col 1，它们表示当前光标的位置。在该行的最右边显示当前正在编辑的源程序的文件名（默认的文件名为 NONAME.C）。

（3）信息区。Message 字符标记以下的区域。

（4）功能键提示行。提示一些功能键（快捷键）的作用，包括如下内容：

1）F1-Help：显示帮助信息。

2）F5-Zoom：分区控制。将当前活动窗口（编辑窗口或信息窗口）满屏显示。

3）F6-Switch：转换活动窗口。交替转换编辑窗口和信息窗口为当前活动窗口，当某个窗口为激活状态时，对应的标志字符（Edit 或 Message）将高亮度显示。

4）F7-Trace：跟踪命令。用于跟踪程序的运行情况。

5）F8-Step：按步执行。每按一次 F8 键将仅执行一条语句。

6）F9-Make：进行编译和连接。生成 .obj 文件和 .exe 文件，但不运行程序。

7）F10-Menu：回到主菜单。

E.1.2　Turbo C2.0 主要菜单的功能

（1）File（文件）菜单，如图 E-2 所示。

1）Load（加载）：装入一个文件，可用类似 DOS 的通配符（如 *.C）来进行列表选择。也可装入其他扩展名的文件，只要给出文件名（或只给路径）即可。该项的热键为 F3。

2）Pick（选择）：将最近装入编辑窗口的 8 个文件列成一个表让用户选择，选择后将该程序装入编辑区，并将光标置在上次修改过的地方。其热键为 Alt + F3。

3）New（新文件）：说明文件是新的，缺省文件名为 NONAME.C，存盘时可改名。

4）Save（存盘）：将编辑区中的文件存盘，若文件名是 NONAME.C 时，将询问是否改名。其热键为 F2。

5）Write to（存盘）：可由用户给出文件名将编辑区中的文件存盘，若该文件已存在，则询问要不要覆盖。

6）Directory（目录）：显示目录及目录中的文件，并可由用户选择。

7）Change dir（改变目录）：显示当前目录，用户可以改变显示的目录。

8）Os shell（暂时退出）：暂时退到 DOS 下，此时可以运行 DOS 命令，若想回到 Turbo C 中，只要在 DOS 状态下键入 EXIT 即可。

9）Quit（退出）：退出 Turbo C2.0，返回到 DOS 操作系统中，其热键为 Alt + X。

说明：

Turbo C2.0 所有菜单均可用光标键移动色棒进行选择，回车则执行。也可用每一项的第一个大写字母直接选择。若要退到主菜单或从它的下一级菜单列表框退回均可用 Esc 键。

（2）Edit（编辑）菜单，进行文本编辑。用 F1 键可获得有关编辑方法的帮助信息。

编辑命令简介：

PageUp　向前翻页	PageDn　向后翻页
Home　将光标移到所在行的开始	End　将光标移到所在行结尾
Ctrl + Y　删除光标所在的一行	Ctrl + T　删除光标处的一个词
Ctrl + KB　设置块开始	Ctrl + KK　设置块结尾
Ctrl + KV　块移动	Ctrl + KC　块拷贝
Ctrl + KY　块删除	Ctrl + KR　读文件
Ctrl + KW　存文件	Ctrl + KP　块文件打印
Ctrl + Q〔　查找双界符的后匹配符	Ctrl + Q〕　查找双界符的前匹配符

Ctrl + F1　如光标所在处为 Turbo C2.0 库函数，则获得有关该函数的帮助信息说明。

1）Turbo C2.0 的双界符包括以下几种符号：

花括符｛和｝　　　尖括符 < 和 >　　　圆括符（和）

方括符〔和〕　　　注释符 /* 和 */　　　双引号 "　　单引号 '

2）Turbo C2.0 在编辑文件时还有一种功能，就是能够自动缩进，即光标定位和上一个非空字符对齐。在编辑窗口中，Ctrl + OL 为自动缩进开关的控制键。

（3）Run（运行）菜单，如图 E-3 所示。

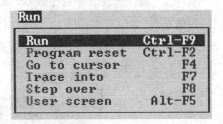

图 E-3　Run 菜单

1）Run（运行程序）：运行由 Project/Project name 项指定的文件或当前编辑区的文件。如果对上次编译后的源代码未做过修改，则直接运行到下一个断点（没有断点则运行到结束）。否则先进行编译、连接后才运行。其热键为 Ctrl + F9。

2）Program reset（程序重启）：中止当前的调试，释放分给程序的空间。其热键为 Ctrl + F2。

3）Go to cursor（运行到光标处）：调试程序时使用，该项可使程序运行到光标所在行。光标所在行必须为一条可执行语句，否则提示错误。其热键为 F4。

4）Trace into（跟踪进入）：在调用子函数时，若用该项，将跟踪到该子函数内部去执行。其热键为 F7。

5）Step over（单步执行）：执行当前语句，即使当前是函数调用，也不会跟踪进入函数的内部，而是将其作为一条普通语句来执行。其热键为 F8。

6）User screen（用户屏幕）：显示程序运行时在屏幕上显示的结果。其热键为 Alt + F5。

（4）Compile（编译）菜单，如图 E-4 所示。

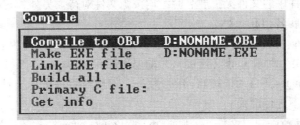

图 E-4　Compile 菜单

1）Compile to OBJ（编译生成目标码）：将一个 C 源文件编译生成 . OBJ 目标文件。其热键为 Alt + F9。

2）Make EXE file（生成执行文件）：此命令生成一个 . EXE 的文件。其中 . EXE 文件名是下面几项之一：

由 Project/Project name 说明的项目文件名。

若没有项目文件名，则由 Primary C file 说明的源文件。

若以上两项都没有文件名，则为当前窗口的文件名。

3）Link EXE file（连接生成执行文件）：把当前 . OBJ 文件及库文件连接在一起生成 . EXE 文件。

4）Build all（建立所有文件）：重新编译项目里的所有文件，并进行装配生成 . EXE 文件。该命令不作过时检查（上面的几条命令要作过时检查，即如果目前项目里源文件的日期和时间与目标文件相同或更早，则拒绝对源文件进行编译）。

5）Primary C file：当没有定义工程文件时，使用此选项来指定哪一个文件将被编译成 . obj 文件或生成 . exe 文件。

6）Get info：获得有关当前路径、源文件名、源文件字节大小、编译中的错误数目、可用空间等信息。

（5）Project（项目）菜单，如图 E-5 所示。

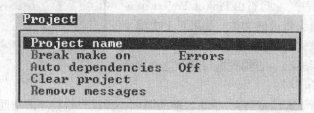

图 E-5　Project 菜单

1）Project name（项目名）：项目是扩展名为 . PRJ 的文件，其中包括将要被编译和连接的文件的文件名。例如有一个程序由 file1. c、file2. c 组成，要将这两个文件编译装配成一个 file. exe 的执行文件，可以先建立一个名为 file. prj 的项目文件，其内容如下：file1. c、file2. c。此时将 file. prj 放入 Project name 项中，以后进行编译时，系统将自动对项目文件中规定的两个源文件分别进行编译，然后连接成 file. exe 文件。如果其中有些文件已经编译成 . OBJ 文件，而又没有修改过，可直接写上 . OBJ 扩展名，此时将不再编译而只进行连接。例如：file1. obj、file2. c。将不对 file1. c 进行编译，而直接连接。

注意：当项目文件中的文件无扩展名时，均按源文件对待。另外，其中的文件也可以是库文件，但必须写上扩展名 . LIB。

2）Break make on（中止编译）：由用户选择是否在有 Warning（警告）、Errors（错误）、Fatal Errors（致命错误）时或 Link（连接）之前退出 Make 编译。

3）Auto dependencies（自动依赖）：开关为 on，编译时将检查源文件与对应的 . OBJ 文件的日期和时间，否则不进行检查。

4）Clear project（清除项目文件）：清除 Project/Project name 中的项目文件名。

5）Remove messages（删除信息）：把错误信息从信息窗口中清除掉。

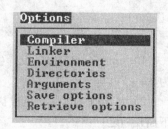

图 E-6　Options 菜单

（6）Options（运行环境设置菜单），如图 E-6 所示。该菜单对初学者来说要谨慎使用。

1）Compiler（编译器）：本项选择又有许多子菜单，可以让用户选择硬件配置、存储模型、调试技术、代码优化、对话信息控制和宏定义。例如：

Model：共有 Tiny、small、medium、compact、large、huge 六种不同模式可由用户选择。

Calling convention：可选择 C 或 Pascal 方式传递参数。

Floating point：可选择仿真浮点、数字协处理器浮点或无浮点运算。

Indentifier length：说明标识符有效字符的个数，默认为 32 个。Error stop after：多少个错误时停止编译，默认为 25 个。

Warning stop after：多少个警告错误时停止编译，默认为 100 个。

2）Linker（连接器）：本菜单设置有关连接的选择项。

3）Environment（环境）：本菜单规定是否对某些文件自动存盘及制表键和屏幕大小的设

置。例如：

Edit auto save：是否在 Run 或 Shell 之前，自动存储编辑的源文件。

Backup file：是否在源文件存盘时产生后备文件（. BAK 文件）。

Tab size：设置制表键大小，默认为 8。

Zoomed windows：将现行活动窗口放大到整个屏幕，其热键为 F5。

4）Directories（路径）：规定编译、连接所需文件的路径，有下列各项：

Include directories：包含文件的路径，多个子目录用";"分开。

Library directories：库文件路径，多个子目录用";"分开。

Output directoried：输出文件（. OBJ，. EXE，. MAP 文件）的目录。

Turbo C directoried：Turbo C 所在的目录。

5）Arguments（命令行参数）：允许用户使用命令行参数。

6）Save options（保存设置）：使用户可以将 Compiler，Linker，Environment，Debug 以及 Project options 中所进行的设置保存起来，生成配置文件，默认的文件名是 TCCONFIG. TC。

7）Retrieve options（恢复设置）：调用以前保存的配置文件，使用其中的设置来配置 Turbo C 系统。

（7）Debug（调试）菜单，如图 E-7 所示。该菜单主要用于程序调试、查错、设置等。

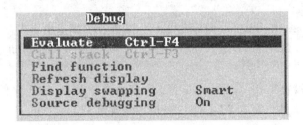

图 E-7　Debug 菜单

Evaluate（计算）：当程序运行时，此命令可以使用户查看各变量或表达式的值，并且可以修改这些值。此命令会弹出一个对话框，如图 E-8 所示。

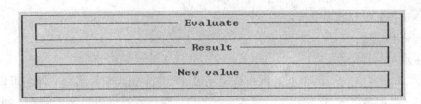

图 E-8　Evaluate 对话框

各项的含义如下：

Evaluate：要计算结果的表达式。

Result：显示表达式的计算结果。

New value：赋给新值。

（8）Break / watch（断点及监视表达式），如图 E-9 所示。

1）Add watch：向监视窗口插入一监视表达式。

2）Delete watch：从监视窗口中删除当前的监视表达式。

3）Edit watch：在监视窗口中编辑一个监视表达式。

4）Remove all watches：从监视窗口中删除所有的监视表达式。

5）Toggle breakpoint：对光标所在的行设置或清除断点。

6）Clear all breakpoints：清除所有断点。

7）View next breakpoint：将光标移动到下一个断点处。

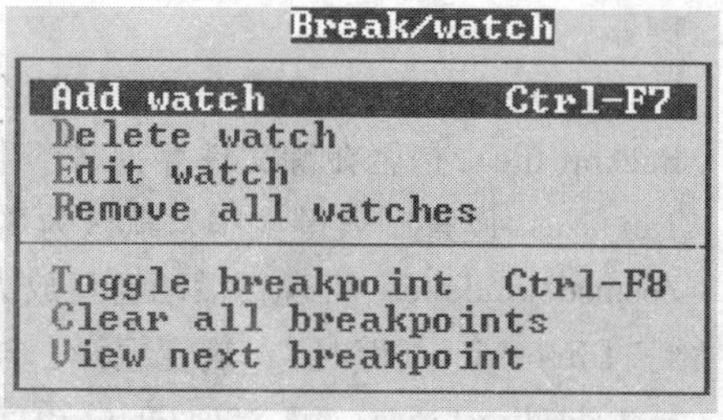

```
Break/watch
Add watch          Ctrl-F7
Delete watch
Edit watch
Remove all watches

Toggle breakpoint  Ctrl-F8
Clear all breakpoints
View next breakpoint
```

图 E-9　Break/watch 菜单

E.1.3　Turbo C2.0 的配置文件

所谓配置文件是包含 Turbo C2.0 有关信息的文件，其中存有编译、连接的选择和路径等信息。可以用下述方法建立 Turbo C2.0 的配置：

（1）建立用户自命名的配置文件，可以从 Options 菜单中选择 Options/Save options 命令，将当前集成开发环境的所有配置存入一个由用户命名的配置文件中。下次启动 TC 时只要在 DOS 下键入：tc/c〈用户命名的配置文件名〉，就会按这个配置文件中的内容作为 Turbo C2.0 的选择。

（2）若设置 Options/Environment/Config auto save 为 on，则退出集成开发环境时，当前的设置会自动存放到 Turbo C2.0 配置文件 TCCONFIG. TC 中。Turbo C 在启动时会自动寻找这个配置文件。

（3）用 TCINST 设置 Turbo C 的有关配置，并将结果存入 TC. EXE 文件中。Turbo C 在启动时，若没有找到配置文件，则取 TC. EXE 文件中的缺省值。

E.2　一个简单的 C 语言程序

我们以建立一个名为"hello. c"的 C 语言源程序为例，介绍在 Turbo C 集成开发环境中建立一个新程序的步骤。

通常建立并执行一个 C 程序有以下几个步骤：

（1）在编辑器中编写源文件；

（2）编译和连接；

（3）生成可执行文件。

进入 TC 工作窗口后，按 F3 键，即可在随之出现的框中输入文件名，文件名可以带". c"也可以不带（此时系统会自动加上）。输入文件名后，按回车，即可将文件调入，如果文件不存在，就建立一个新文件（也可用下面例子中的方法输入文件名）。系统随之进入编辑状态。就可以输入或修改源程序了，源程序输入或修改完毕以后，按 Ctrl + F9，则进行编译、连接和执行，这三项工作是连续完成的。

E.2.1　建立并执行程序的步骤

（1）进入 Turbo C 集成开发环境，通过键盘输入如下程序，如图 E-10 所示。

```
void main()                    /* 主函数 */
{
```

```
    printf("Hello, world! \n");        /*输出语句*/
    printf("I am a student. ");         /*输出语句*/
}
```

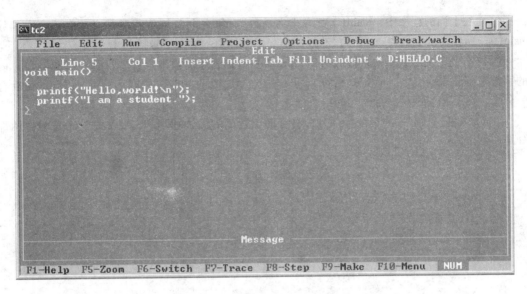

图 E-10　在 Turbo C 中输入源程序

（2）程序存盘：在编辑窗口下，可以使用 File 菜单中的"Save"命令存盘，也可直接按 F2 键将文件存盘，这时，系统将弹出一个"Rename NONAME"对话框，这里将建立一个名为 hello. c 的文件。如图 E-11 所示。

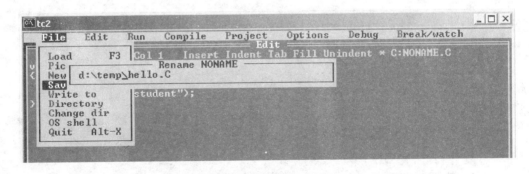

图 E-11　程序命名存盘

（3）编译一个程序：按 Alt + F9 进入编译状态后，会出现一个编译窗口，几秒钟后，若显示信息：Success：press any key，则表示编译成功。如果编译时产生警告 Warning 或出错 Error 信息，会显示在屏幕下部的信息窗口中，可按提示对源程序进行修改，重新进行编译。

（4）运行程序：源程序经编译无误后，按 Ctrl + F9 运行，这时屏幕会出现一个连接窗口，显示 Turbo C 正在连接程序所需的库函数。连接完毕后，屏幕会突然一闪，后又回到编辑窗口，此时可按 Alt + F5 切换到程序输出窗口，查看输出结果。再按任意键，即可又回到编辑窗口。

这时，在磁盘上生成了 3 个文件：hello. c、hello. obj、hello. exe。其中文件 hello. c 是 C 语

言源文件，文件 hello. obj 是 Turbo C 编译程序产生的二进制机器指令（目标代码），文件 hello. exe 是 Turbo C 连接程序产生的可执行文件。

E. 2. 2　程序分析解释

（1）在上面的程序中，main( )表示"主函数"，每一个 C 语言程序都必须有一个主函数 main( )。void 表示主函数 main( )没有返回值。函数体由一对大括号括起来。

（2）本例中主函数有两条输出语句，printf 是 C 语言中的输出函数。双引号（双撇号）内的字符串按原样输出，"\n"是换行符，即在输出"Hello, world!"后回车换行，语句的最后有一分号，在 C 语言中是一行语句的结束标志。

（3）/* 和 */括起来的是注释部分，将有助于程序的阅读和理解，要注意这个符号的两部分缺一不可。

参 考 文 献

1　苏长龄.C语言程序设计.北京：中国铁道出版社，2006

2　谭浩强.C程序设计（第3版）.北京：清华大学出版社，2005

3　许薇薇.C语言程序设计.北京：中国电力出版社，2006

4　任小康.C/C++程序设计.兰州：兰州大学出版社，2006

5　费宗莲.C语言使用教程.北京：电子工业出版社，1992

6　谭浩强.C程序设计（第2版）.北京：清华大学出版社，1999

7　肯格［美］软件开发：编程与设计（C语言版）.北京：清华大学出版社，2006

8　蒋劲柏.C语言程序设计学习参考.南京：南京大学出版社，2003

9　王敬花，林萍，陈静.C语言程序设计教程.北京：清华大学出版社，2005

10　张基温.C语言程序设计案例教程.北京：清华大学出版社，2004

11　李铮，叶艳冰，汪德俊.C语言程序设计基础与应用.北京：清华大学出版社，2005

12　吴建，张忠文，杨敬杰.C语言程序设计.北京：科学出版社，2006